わかる！使える！

NC旋盤入門

伊藤勝夫 [著]
Ito Katsuo

日刊工業新聞社

【 はじめに 】

　戦後生まれの多くの高齢労働者が定年退職され労働人口が減少、一方少子化も一段と進んで若年労働者が年々減少しています。現在の推定では15才から64才のいわゆる生産年齢人口は7600万人といわれ、毎年数十万人の労働人口が減少すると推定されています。さらに日本人の残業労働時間は主要先進国と比較するとはるかに多く、労働生産性は主要先進国の中では最下位になっています。

　このような危機の時代に直面して、最近「働き方関連法案」が議論されていますが、その骨子は労働人口を増大させるとともに、労働時間を短縮して労働生産性を向上させるというものです。具体的には残業時間の規制、従来からの年功序列賃金・終身雇用から脱時間給・成果賃金への転換、外国人の滞留期間の延長などいろいろ議論されていますが、今後の労働環境は健康で健全な環境とし、労働生産性の向上を求めています。

　その達成のためにはいろいろな分野の科学、技術の進歩が不可欠であり、第4次産業と言われているAI（人工知能）やIoT（インターネット　オブ　シングス）が提唱され、AIを活用すれば手を汚さなくとも成果を得ることができるなどと唱える方もいますが、現状の機械加工技術においてはスマートな機械に変身したとはいえ、汗まみれ、油まみれになって試行錯誤する経験工学に変わりはないと著者はいつも思っています。

　高等教育を受けた方が多くなり、いろいろな方面で技術力が向上して大いに結構なことですが、いわゆる3K（きつい・きたない・きけん）職場の経験が非常に浅い方たちが「ネクタイ職人」となってマネージメントし、生産性という現象を単にコンピュータ上の数字を追い回している状態では、真の生産性向上のシステム思考は難しいのではないでしょうか。

　かつて生産現場は3K職場といわれ、大変嫌われていましたが、現在の工場環境は大変良くなっています。なんでもそうですが、「経験した」と「経験を積んだ」とは大いに異なります。大いに経験を積んで、本書がこれからの実力重視の世界を乗り越えるイノベーションの一助となれば幸いです。

　長年にわたり中央職業能力開発協会中央委員としてNC旋盤の課題に携

わった経験を生かし、コラム欄に技能検定の模擬試験を掲載しましたので、ご利用ください。

本書は下記の構成になっています。

第1章
　NC旋盤の基本構成として主軸台、刃物台、心押台について説明します。実際に作業時に手掛けるチャックと生爪の関係、心押台とセンタの関係を述べます。さらに、スローアウェイチップの呼び方、各種NC旋盤加工における切削条件など実用に役立つと思われる事項を説明します。

第2章
　図面から加工情報を読み取り、加工までの手順について述べます。プログラマと現場作業者との共通情報でもあるツールレイアウト作成例と作成に必要な知識を説明します。NCプログラムに関しては、作業時にNCプログラムが読める程度の説明にとどめました。NCプログラムの詳細については拙著「絵ときNC旋盤プログラミング基礎のきそ」（日刊工業新聞社）をお読みいただければ幸いです。

第3章
　加工段取りとして工具の取り付け、生爪成形、ワーク座標系設定の注意点を説明します。さらに、単に加工するだけにとどまらず、加工した製品が品質特性を十分満足しているかどうかの判定指標として、工程能力指数Cp値について説明します。

第4章
　労働生産性の概要と生産性向上対策について説明します。さらに生産性を高める半自動レベルのバーフィード装置、ロボット付きNC機械を説明します。

最後に、本書の出版に当たり企画の段階からご尽力をいただきました日刊工業新聞社出版局の鈴木徹氏、土坂裕子氏に深く感謝申し上げます。

2018年6月　　　　　　　　　　　　　　　　　　　　　　　　　伊藤　勝夫

わかる！使える！NC旋盤入門

目　次

はじめに

【第1章】加工準備の基礎知識

1　NC旋盤の構成

- NC旋盤の主な構成・**8**
- 主軸台の構造・**10**
- チャックの構造と名称①　チャックと動力による分類・**12**
- チャックの構造と名称②　構造による分類・**14**
- チャックとトップジョーの関係・**16**
- チャックの把持力の緩み・**18**
- 刃物台の分類・**20**
- ツールホルダ・**22**
- 心押台の構造とセンタ穴の形状・**24**

2　加工の基礎知識

- バイトの種類・**26**
- 工具材質の分類①　ハイス系工具と超硬合金工具・**28**
- 工具材質の分類②　サーメット工具、セラミックス工具、CBN焼結体、ダイヤモンド焼結体・**30**
- 超硬チップの呼び方・**32**
- 外径、内径工具の切削条件・**36**
- ねじ切り工具と切削条件・**38**
- 溝入れ工具と切削条件・**40**
- 穴あけ工具と切削条件・**42**
- 切れ刃の名称とその影響・**44**
- 切削抵抗とモータ出力・**46**
- ビビリ現象と対策・**50**

【第2章】加工手順と加工プログラムの作成

1 加工手順

- 加工手順とは・**54**
- 加工分析・**56**
- 作業設計・**58**
- 主軸回転数と切削速度・**62**
- 表面粗さと切削時間・**64**

2 加工プログラムの作成

- 準備機能：G・**68**
- 補助機能：M・**70**
- 主軸機能：Sと送り機能F・**72**
- 工具機能：T・**74**
- 工具の移動指令・**76**
- 刃先R補正・**78**
- ねじ切り・**82**

【第3章】加工の段取り作業と品質管理

1 加工の段取り

- 段取り作業の流れと工具取り付け・**86**
- 生爪の成形・**88**
- 工具補正量とワーク座標系を求める①・**90**
- 工具補正量とワーク座標系を求める②・**94**
- プログラムチェックと試削・**96**

2 品質管理の手法

- 品質とは何か・**98**
- 検査・**100**
- 測定・**102**
- 全数検査と抜き取り検査・**106**
- 管理手法と計算記号・**108**
- データが多い場合の基礎データの計算・**110**
- データが多い場合の計算例・**112**
- ヒストグラム・**116**
- 工程能力指数　Cp値① 工程能力指数とは・**118**
- 工程能力指数　Cp値② 工程能力指数の求め方・**122**
- 工程能力指数　Cp値③ 不良率の計算、例題、評価・**124**

【第4章】
生産性向上と自動化

1 生産性向上

- 労働生産性の概要と指標・**130**
- 作業時間・**134**
- 標準時間・**136**
- ワークサンプリング法・**140**
- 生産性向上対策① 現場の努力によるもの・**142**
- 生産性向上対策② 現場の努力によるもの・**144**
- 生産性向上対策③ 外部からの阻害要因の除去・**148**

2　自動化

- 自動化のレベル・**150**
- バーフィード仕様NC旋盤・**152**
- コレットチャックとバーストッパ・**154**
- バー加工のポイント・**158**
- ロボット付きNC旋盤・**160**
- 切屑対策のヒント①・**164**
- 切屑対策のヒント②・**168**

コラム

- 設問1・**52**
- 設問2・**84**
- 設問3・**128**
- コラムの解答・**170**

- 参考文献・**171**
- 索　引・**172**

【第1章】
加工準備の基礎知識

1 NC旋盤の構成

NC旋盤の主な構成

　旋盤における加工はチャックに加工物を把持し、主軸を回転させて工具を主軸と平行に動かして直線加工、また主軸にある傾きを持たせて工具を動かすテーパ加工など、主軸を回転させて行う加工なので、加工物を主軸と直角に切断した断面形状はいつも円形となります。これを旋削加工といい、この加工を行う機械を旋盤と呼んでいます。この旋盤で主軸を指定の回転数で回したり、工具をある速さで移動させる指令をNC装置（Numerical Control Device）から受け取って機械が動く旋盤をNC旋盤（Numerically Controlled Lathe）と言います。NC旋盤の外観の例を図1-1に示します。
　NC旋盤の主要な構成は
❶主軸台
　チャックで加工物を把持し、回転させます。
❷刃物台
　切削工具を取り付け、NC装置からの移動指令によって工具を移動させます。
❸心押台
　長尺加工物の一部をサポートします。
❹NC装置
　機械全体の動きを制御します。
❺操作盤
　機械を動かすためのスイッチ類が並んでいます。
で成り立っています。
　これらの構成機器はベッドという頑丈な基盤の上に搭載され、NCプログラムの指令によってそれぞれの構成機器が動くようになっています。
　カバーを外してみると、主な構成は図1-2のようになっています。主軸にはチャックが取り付けられて加工物を回転させ、刃物台には各種の切削工具を取り付け、主軸と平行にまた主軸と直角方向に移動して、外径、端面、テーパ円弧などを加工します。
　心押台には回転センタを取り付け、長尺物の加工時に加工物がたわまないよう加工物の一端を支持します。

NC旋盤上には、図1-2のようにX、Z軸という座標軸が右手直交座標系（図1-3）という規則に従って設定されています。ターニングセンタになると更にY、B、C軸が付加されます。

図1-1 | NC旋盤の外観

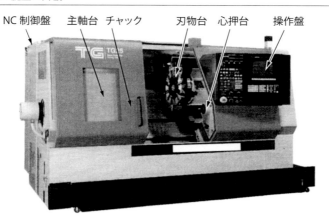

図1-2 | NC旋盤の主な構成

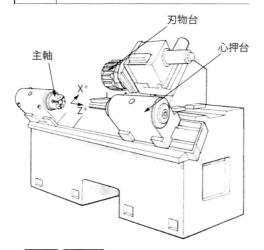

図1-3 | 右手直交座標系

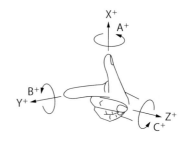

> **要点 ノート**
>
> NC旋盤の主要構成は主軸台、刃物台、心押台、NC装置、操作盤です。刃物台（工具）はNCプログラムの指令で動きますが、その動きの基本となる座標軸は右手直交座標系によるX、Z軸の2軸です。

1 NC旋盤の構成

主軸台の構造

　図1-4は小、中型の主軸台の基本構成を示します。旧来のベルト連結方式からビルトインモータに進歩しています。このような構造にすることによって多くの特徴が生まれました。
①モータの軸をそのまま主軸として使えるので、主軸回転の変速のためのギヤやベルトの連結部分が必要なくなり、そのため振動、騒音が少なくなります。
②低速から高速まで広い領域の回転数を無段で得ることができます。無段階の回転数が得られることにより、加工能率が上がり、かつ面粗さが向上します。
③モータに電流が流れると主軸台そのものが発熱するため主軸台が変形し、寸法がばらつく、加工精度が良くないなど加工に大きな影響を与えます。したがって、熱を発散させるための1つの方法として、主軸台に冷却油を強制的に送り込んで、主軸台を冷却することがあります。

　ベアリングの潤滑法を決める目安として、$D_m N$値があります。

　　$D_m N$値 = $D_m \times N$
　　　D_m：ベアリングのピッチ径（mm）
　　　N：ベアリング1分当たりの回転数（min^{-1}）

　$D_m N$値が110万程度までの高速回転の潤滑方式には、ベアリングにオイルエアを供給する方法があります。

　図1-5はオイルエア潤滑の一例を示します。クリーンな空気と微量で定量の潤滑油を混合してベアリングに強制的に吹き付ける方式で、ベアリングを潤滑すると同時に冷却作用もします。

　ミストによる雰囲気汚染が少ないので、環境にやさしいという長所もあります。

　主軸のモータはただ回転すれば良いというものではなく、回転数を制御すると同時に工具の送り量を制御することが必要です。回転数の指令はNC装置から出されますが、送り速度は主軸1回転当たりの送り量で指令されるので、主軸が1回転した信号をNC装置に送る必要があります。

その装置が図1-4のポジションコーダといわれ、NC旋盤においてはこれが重要な機器となります。

図1-4 主軸台の基本構成

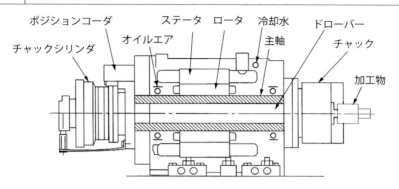

図1-5 オイルエア潤滑方式

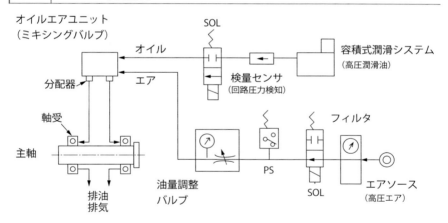

> **要点ノート**
> 主軸台は主軸にチャックを取り付け、加工物を回転させる装置です。主軸の駆動は主軸を直接モータ軸として使用するビルトインモータが主流です。騒音、振動が少ないのが特徴です。

1 NC旋盤の構成

チャックの構造と名称①
チャックと動力による分類

　NC旋盤におけるチャックの機能は加工物を加工できるように把持することであり、NC装置からの指令によって回転するようになっています。実際に加工物を把持するのは「爪」や「フィンガー」と呼ばれる部品、いわゆる「指」と言われる部分ですが、これを駆動する装置をチャックといいます。

❶チャックの分類
　チャックといえば3爪チャックが当たり前と思われているかもしれませんが、いろいろなチャックがあり、下記のように分類されます。
①爪の数による分類
　・1爪、2爪、3爪、4爪
　1爪、2爪は四角材や板材など、いわゆる異形材を把持するのに適しています。1つの爪、または2つの爪で加工物を把持するものです。
　3爪は丸物の把持において求心性があるということで、一般的に使用されるチャックです（**図1-6**）。
　4爪（**図1-7**）は四方から加工物を把持するチャックで、主に異形物の把持に使われます。また各爪が単独で動く単動チャックにおいては、加工物を偏心させて加工する時にも使われます。

図1-6 ｜ 3爪チャック

図 1-7 | 4爪チャックとハンドル

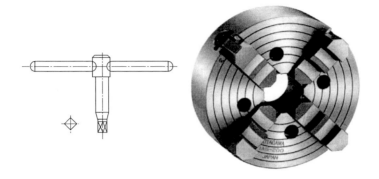

❷動力による分類
- 手動チャック
- 自動チャック…油圧、空圧、電動

　手動チャックとは図1-7に示すハンドルをチャック外周の穴に差し込み、手動で回転させることによって爪を動かすチャックをいいます。油圧、空圧チャックは流体を使って爪を動かす自動チャックで、それらの配管、シリンダなどの装置が必要になりますが、圧力を変更するだけで把握力を変えることができ、構造が簡単で装置の配置を自由にできるメリットがあり、現在ではこの装置が主流です。

　電動による駆動は、油圧シリンダの代わりに電動モータを利用するもの、手動ハンドルの代わりに電動モータで直接爪を移動させるものなどがありますが、適正な把握力を得るためにトルクをコントロールする必要があり、構造がやや複雑になります。

要点 ノート

3爪チャックは求心性があるので一般的によく使われます。チャックの動力源には流体、電動がありますが、一般的に強力形として油圧、弱力形として空圧が使われます。

1 NC旋盤の構成

チャックの構造と名称②
構造による分類

❶構造による分類
①くさび形チャック

　図1-8は標準的なくさび形チャックの構造を示します。

　ウェッジプランジャとマスタジョーがT溝でかみ合っており、油圧シリンダによりウェッジプランジャが軸方向に動き、T溝を介在してマスタジョーが半径方向に動いて加工物を把持します。マスタジョーとトップジョーにはセレーション（ぎざぎざの溝）が加工されており、マスタジョーとトッププジョーのセレーションをかみ合わせて位置決めを行い、ジョーナット（Tナット）で締め付けてトップジョーを固定します。

　3爪のセレーションの位置はチャック中心より同じ位置に加工されているので、標準の硬爪（ハードジョー）での偏心量はほぼ0.05 mm以内になっています。

　くさび形チャックの利点は、標準的なチャックのくさび角が9〜13°で加工されているので、このくさび角によってウェッジプランジャとマスタジョーはセルフロック（摩擦があるため緩まない）されていて、駆動源が停止しても爪が開かないようになっています。しかし、くさびの摩擦抵抗などにより、レバー形チャックに比較してシリンダの引張力に対するチャックの把持力の効率が悪いのが欠点です。

②コレットチャック

　図1-9はステーショナリ形外径用コレットチャックの構造を示します。チャックボディの中にシリンダと連動して動くチャックスリーブを組み込み、さらにその内部にコレットを組み込んだチャックで加工物の外径を把持します。外径把持用のコレットの前部外径はテーパになっていて、シリンダの移動で相手テーパに沿って移動することにより半径方向に加工物を締め付ける構造になっています。

　コレットのテーパの角度はコレットチャックの形式によって様々ですが、10〜15°程度で、シリンダの軸方向の力の約2.5〜3倍の力で締め付けることができます。コレットは把持面には4分割あるいは6分割した縦方向の割り溝が

あり、加工物の全周を把持するいわゆるグリップする形状をしています。加工物を把持する形状は主として円形をしていますが、四角材や六角材などを把持するコレットもあります。

コレットチャックはチャックボディで囲まれたコレットで加工物の全周を把持する、いわゆるグリップ方式なので、高速回転になっても緩まないという特徴があります。

外径コレットチャックを使った加工では、コレットの径方向の移動が直径で2～3mm程度と非常に小さく、コレットがクランプした状態で称呼寸法となるので、コレットの内径寸法に合った材料を選択することが重要です。さらに、バー材の場合は表面粗さが荒い材料や曲がりの大きい材料、直径のばらつきが大きい材料は不適当です。したがって、黒皮材を避けて引抜きバー材を使用するのが一般的です。

詳細は第4章を参照してください。

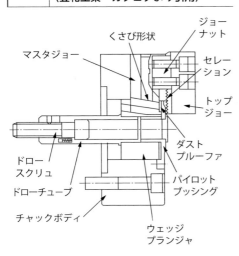

図 1-8 くさび形チャック
（豊和工業　カタログより引用）

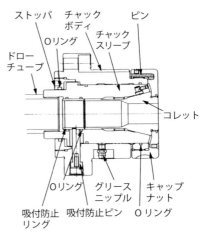

図 1-9 コレットチャック
（理研精機　カタログより引用）

> **要点ノート**
> チャックの分類には爪の数による分類、動力による分類、構造による分類があります。加工の用途に合わせて最適なチャックを選定します。

1 NC旋盤の構成

チャックとトップジョーの関係

❶トップジョーの形式

　チャックにはトップジョー（爪）が取り付けられ、加工物を把持します。トップジョーを交換する時正確な位置に取り付けられるように、また高速回転に耐えられるように強固に固定されることが重要です。一般的に利用されている図1-8のくさび形チャックにおいては、マスタジョーのセレーションにトップジョーのセレーションを合わせ、ジョーナットで結合する方式ですが、スクロールチャックでは図1-10のようにキーで固定するクロスキー形がよく使われます。

　図1-11はセレーション形の組み合わせをチャックの外周から見た図です。

　マスタジョーとトップジョーのセレーションを合わせ、六角穴付きボルトをジョーナットに差し込んで締め付けます。

　ジョーナットの幅とジョーの溝幅はH8/f8のやや粗いはめ合いですが、そのガタの範囲内でほぼ正確な位置に取り付けることができます。ジョーナットの締め付け穴のピッチやジョーの長さ、幅はチャックメーカーによって異なりますから、ジョーを調達する時は下記の注意が必要です

| 図1-10 | クロスキー形ジョー | 図1-11 | セレーション形ジョー |

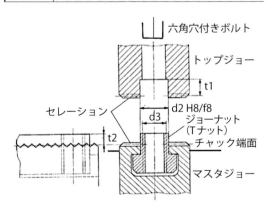

①セレーションのピッチと山角度（**表1-1**）

JISではインチ系とメトリック系を規定しています。

（a）インチ系

1/16″×90°と3/32″×90°の2種類があり、ともに山角度は90°です。日本ではあまり使われていません。

（b）メトリック系

1.5×60°と3.0×60°の2種類があります。日本で使われているジョーはほとんどこの山角度です（**図1-12**）。

②ジョーナットの幅d_2とボルトの呼び径d_3

図1-13におけるS-4とS-12の寸法です。

③ジョーナットの締め付け穴ピッチ

図1-13におけるS-7の寸法です。

④トップジョーの幅

図1-13におけるS-2の寸法です。

表1-1 ジョーナットの寸法

チャックの呼び径（dmm）		100	125	160	200	250	315	400	500	630	800
ジョーナット	d_2	10	12	14	17	21	21	25.5	25.5	25.5	25.5
	d_3	M6	M8	M10	M12	M16	M16	M20	M20	M20	M20
セレーションの名称		1/16″×90°						3/32″×90°			
		1.5×60°						3×60°			

図1-12 セレーションの山角度

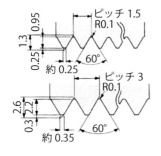

図1-13 トップジョーの寸法例

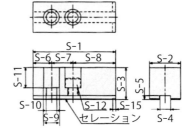

要点 ノート

トップジョーを調達する時は、マスタジョーとの連結部分（クロス形、セレーション形）の形状、ジョーナットのピッチ、固定ボルトのサイズを確認します。

1 NC旋盤の構成

チャックの把持力の緩み

　トップジョーで加工物の外形を把持するとチャックボディとマスタジョーにガタがあるため、トップジョーが少し浮き上がり把持位置が多少異なってきます。その浮き上がりによる把持位置の変化を抑えるために、生爪成形時には細心の注意を払い、しっかり把持するようにすることが現場の作業です。しかし、加工物を確実に把持してもチャックが高速で回転するとジョーの遠心力のため把持力が減少し、最悪の場合、加工中に加工物を飛散させる事故が起きてしまいます。

　遠心力とは、チャックを高速で回転させた時に半径方向に遠ざかるように動かそうとする力をいい、遠心力を F（N：ニュートン）とすると、理論的には式①の計算で求められます。式①より、遠心力は回転数の2乗に比例することが分かります。

$$F = mr\omega^2 = \frac{mV^2}{r} = \frac{m}{r}\left(\frac{\pi \times 2r \times n}{60}\right)^2 = mr\left(\frac{\pi \times n}{30}\right)^2 \quad \text{N（ニュートン）①}$$

　　m：可動部分（通常はトップジョー）の質量（kg）
　　r：回転中心からの可動部分（通常はトップジョー）の重心までの距離（m）
　　ω：可動部分（通常はトップジョー）の重心の角速度（rad/sec）
　　V：可動部分（通常はトップジョー）の重心の周速度（m/sec）
　　n：回転速度（min^{-1}）

図1-14のように、直径254 mmのチャックに110×43×40の3爪を取り付け、1000 min^{-1}で回転した時の遠心力を求めてみよう。

①ジョーの質量：m
　鉄の比重を7.8 g/cm^{3}とすると、$m = 4.3 \times 11 \times 4 \times 7.8/1000 = 1.48$ kg

②回転中心からジョーの重心までの距離：r
　ジョーの長手方向の1/2の位置を重心とすると、図1-14のように$r = 72$ mm $= 0.072$ mとなります。

③回転速度：n
　回転速度は題意のとおり、$n = 1000$ min^{-1}。

④遠心力：F

$$F = 1.48 \times 0.072 \left(\frac{\pi \times 1000}{30} \right)^2 = 1167 \text{ N} = 1.167 \text{ kN}$$

　把持力は3爪の場合、通常3爪の合計把持力で表示するので、この遠心力の3倍が把持力の減少となります。したがって把持力の減少は$3F = 3.5$ kNとなります。実際の遠心力による把持力の減少は、各部分の摩擦や変形、潤滑油の多少などによりこの計算どおりではありませんが、回転数を上げると把持力が低下することを知ることは大切です。

　図1-15は図1-14に示す直径254 mmに標準ジョーを取り付けてチャックを回転させた時の把持力を測定したグラフで、回転前は約110 kNの把持力が4000 min^{-1}には約45 kNに低下するという実績値です。高爪のような重力のあるトップジョーを使用する、あるいは高速で回転させる必要がある加工では、この把持力の低下を十分考慮して、把持力がなるべく低下しない把持方法を考えなくてはなりません。

図 1-14　遠心力の計算例

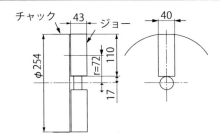

図 1-15　把持力性能曲線

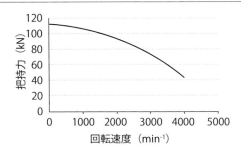

要点　ノート

チャックが回転すると爪、あるいはジグの遠心力のため把持力が減少します。減少は回転数の2乗に比例します。高速回転の時は十分注意しましょう。

1　NC旋盤の構成

刃物台の分類

　刃物台は主軸と向かい合っていて、複数のいろいろな種類の切削工具を取り付け、NCプログラムに従って順次工具の交換を行い、工具を移動させて加工を行う装置です。生産形態や工作物の加工形状の難易度によって次のようにいろいろな形式の刃物台があります。

❶くし刃形刃物台（図1-16）
　クロススライド上にセットされた複数のツールポストに工具をセットし、工具の水平移動で工具交換を行います。工具本数は比較的少なく、また工具と加工物との干渉に注意が必要なので、長い加工物や複雑な形状の加工には不向きです。工具の交換が早いので、簡単な形状の加工や自動盤などに採用されています。

❷垂直形タレット刃物台（図1-17）
　汎用的な工作物の加工が行えるよう垂直形タレット上に通常10～16本の工具が放射状に配置され、NC装置からの指令によって工具が割り出されます。種々の工具を加工に合わせて配置できるので汎用性が高く、現状のNC旋盤にはこの形態が多く採用されています。

❸回転工具形刃物台（図1-18）
　通常の旋削用工具の他に回転工具（例えばエンドミルなど）が取り付けられます。回転工具は刃物台に内蔵されている駆動モータ（これをビルトインモータと言います）からの回転駆動装置により、クラッチを介して回転され、エンドミル加工や穴あけなどを行うことができます。一般に複合加工機（ターニングセンタ）に採用されています。
　回転工具形刃物台の段階になるとC軸とY軸を付加し、X、Y、Z軸の同時3軸加工が可能なNC旋盤に発展します。

❹ATC（工具自動交換装置）形刃物台（図1-19）
　回転工具の本数を多くしてマシニングセンタ加工のような平面、傾斜、穴あけ加工など多彩な加工ができるように工具マガジン（工具格納装置）を用意し、工具をマガジンから工具主軸に装着して、複雑な加工に対応できる刃物台です。このタイプは回転工具形刃物台に更にB軸（Y軸の周りの回転軸）が付

加され、同時4軸加工などかなり複雑な加工ができます。

このように、刃物台の形式にはいろいろなものがありますが、自社のNC旋盤の刃物台はどの形式のものか確認してみてください。

| 図 1-16 | くし刃形刃物台 |

| 図 1-17 | 垂直形タレット刃物台 |

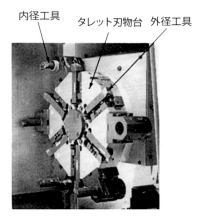

| 図 1-18 | 回転工具形刃物台 |

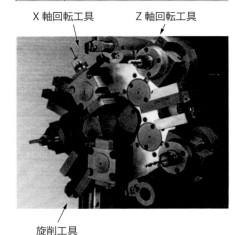

| 図 1-19 | ATC形刃物台 |

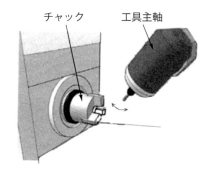

要点 ノート

刃物台には加工に必要な工具を取り付け、工具を交換しながら加工を行います。加工内容によっていろいろな形式の刃物台があります。加工レベルが上がると一般に回転工具が付きます。

1 NC旋盤の構成

ツールホルダ

　刃物台に工具を取り付けて加工しますが、汎用的なNC旋盤の刃物台は10～16面の多角形をしており、それぞれのタレット面に工具が取り付けられます。外形工具、内径工具、穴あけ工具など必要な工具を、加工の干渉が無いよう自由に取り付けることができるので、図1-17のような刃物台をバリアブル刃物台ということがあります。

　図1-17は、外形工具はタレット面に直接に、内径工具はベースホルダの中に取り付けるタレット刃物台の例です。それぞれの工具を自由に取り付けることができるという利点があり、工具の交換はほとんどしないという加工には安価な刃物台になりますが、工具の交換を頻繁に行う加工においては、工具を交換するごとに工具補正量を機上で求めるという準備作業が必要になります。この無駄な作業をできるだけ少なくする方法として、ツールホルダにあらかじめ工具を取り付けておき、ツールホルダ一式を刃物台に取り付ける、いわゆるワンタッチ方式のホルダがあります。

　ワンタッチ方式にはBT方式、Capto方式、HSK方式、KM方式、VDI方式があります。これらの方式を採用するためには、その方式に合致した構造の刃物台が必要になります。Capto方式、HSK方式を説明します。

　マシニングセンタでよく使われているBT方式は
- テーパの加工精度によっては軸方向の寸法が定まらない。
- 遠心力や工具主軸の温度上昇によって工具主軸の端部が膨張して大きくなり、シャンクが内部に引き込まれるため軸方向の寸法が変化するなどの原因で、加工物の加工精度が悪くなる。

などの問題があり、これを解消するため、シャンク端部と工具主軸の隙間をゼロにして更にテーパ部の隙間も同時にゼロにする、いわゆる2面拘束のショートテーパツールホルダが開発されました。

❶ Capto方式（図1-20）

　スウェーデンのサンドビック社で開発されたツールホルダで、1/20のテーパを持ちテーパの断面形状がポリゴン形状（多角形）になっています。刃物台内のドローバーを矢印の方向に引張ることによって内部のコレットが開いて、

テーパ同士が密着すると同時にツールホルダの端面と工具主軸の端面が密着する、いわゆる2面拘束となって工具の保持剛性を高めています。テーパ部分の全面が密着するわけではなく、ポリゴンという特殊な形状により切削抵抗によって発生する工具の回転力を抑え、切削抵抗による工具のたわみを軽減します。

❷HSK方式（図1-21）

ドイツのDIN規格に基づいた1/10のテーパを持つショートテーパシャンクで、刃物台内のドローバーを矢印の方向に引張ることによって内部のコレットが開いてテーパシャンクを押し広げ、テーパ同士が密着すると同時にツールホルダの端面と工具主軸の端面が密着する、いわゆる2面拘束となって工具の保持剛性を高めています。Capto方式と同様、テーパ部分の長さが短いのでショートテーパといわれ、幅の狭い刃物台の工具ホルダとして採用されます。

図1-20 | Capto方式

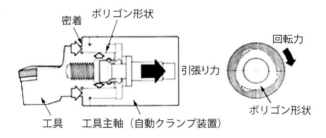

図1-21 | HSK方式

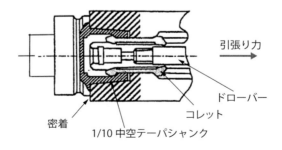

> **要点 ノート**
> 刃物台の各ステーションに工具を1本ずつ取り付けるバリアブル形刃物台が多いなか、省段取り化、自動化が進行するとワンタッチ式の2面拘束形ツールホルダが普及するものと予想されます。

1 NC旋盤の構成

心押台の構造とセンタ穴の形状

　心押台は、長尺物の加工の際、加工物の一端を支持し加工物の曲がりや振れを抑制する機能を持っています。心押台の本体上部には加工物を支持する回転センタを取り付けるクイル形と、ベッド上をスライドして心押台を適当な位置に固定するボールスクリュ形があります。

❶心押台
①クイル形心押台
　図1-22のように本体上部にクイル（心押軸）を組み込み、そのクイルに固定センタあるいは回転センタを取り付けて、クイルの前進によって加工物を支持します。クイルの移動は、中型旋盤では100〜150 mm程度の短い距離なので、心押台全体をクイルの移動範囲まで移動させて固定し、クイルの前進で加工物を支持します。クイルの駆動は大型の旋盤では手動ハンドルによる駆動が多いのですが小形、中形では押しボタンによる油圧駆動が多く採用されています。
②ボールスクリュ方式心押台（**図1-23**）
　サーボモータを駆動させボールスクリュを介して心押台を移動させる方式で、NCプログラムで移動させます。

❷回転センタ
　回転センタは、図1-22のようにベアリングを介して加工物と一緒に回転するセンタで、シャンク部分はモールステーパになっています。モールステーパはMTで表され、MT-2〜MT-6の回転センタが使われますが、センタに掛かる荷重が大きくなるほど太いシャンクの回転センタを用います。またセンタ角は60°が一般的ですが、センタ穴の形状はJISで4種類の形状が決まっているので、センタ穴に適するセンタ角の回転センタを用意する必要があります。ただし、90°のセンタは大型の旋盤に使われますが、75°の角度はあまり利用されません（**表1-2**）。
　センタ穴の形状A、B、C、Rの形式を**図1-24**に示します。

表 1-2　センタ穴の角度

角°			形式
60°	75°	90°	A
			B
			C
	—		R

図 1-22　クイル形センタ

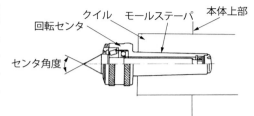

図 1-23　ボールスクリュ方式心押台

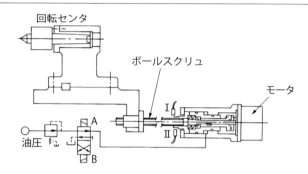

図 1-24　センタ穴の形状

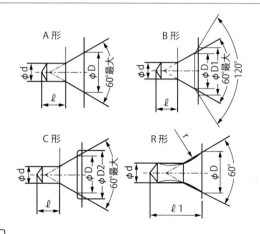

要点ノート

心押台はクイルに回転センタを組み込み、加工物の一端をサポートする装置です。回転センタのセンタ角度は一般に60°ですが、荷重によっていろいろな角度があることを覚えてください。

2 加工の基礎知識

バイトの種類

　工具のことをJISではバイトといっていますが、旋削工具は**図**1-25のように、大別して外径用旋削工具、内径用旋削工具、穴あけ工具、その他の工具があります。

　現在使われているNC旋盤のバイトは、ほとんどが超硬チップをシャンクに取り付けたスローアウェイバイトといわれるもので、超硬チップが摩耗や破損で使用不可能の場合はそのチップだけを交換して加工を続行する方法が取られています。バイトは外径用、内径用ともシャンクとチップのクランプ部を持ち、チップをシャンクに固定し、このバイトを刃物台にセットします。バイトの形状は、外径用は角形（**図**1-26）、内径用は丸形（**図**1-27）が多く使われています。加工する用途によって適合するバイトを選定することが重要です。**図**1-28にバイトの用途を示してあります。

　チップの形状や厚みなどはJISで決まっているので、チップ交換による寸法の狂いはほとんど無いといえます。

図 1-25　旋削工具の種類

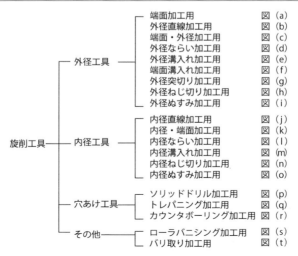

第1章 加工準備の基礎知識

図1-26 外径用工具

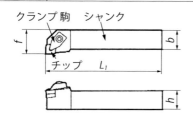

図1-27 内径用工具

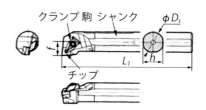

図1-28 旋削工具の加工例

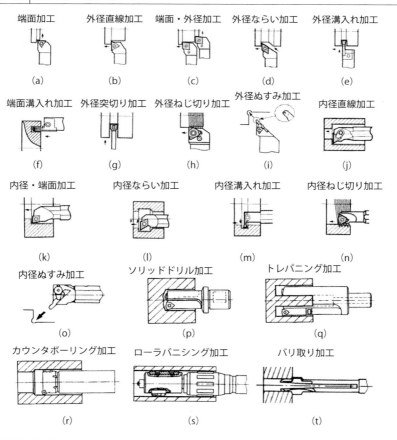

(a) 端面加工
(b) 外径直線加工
(c) 端面・外径加工
(d) 外径ならい加工
(e) 外径溝入れ加工
(f) 端面溝入れ加工
(g) 外径突切り加工
(h) 外径ねじ切り加工
(i) 外径ぬすみ加工
(j) 内径直線加工
(k) 内径・端面加工
(l) 内径ならい加工
(m) 内径溝入れ加工
(n) 内径ねじ切り加工
(o) 内径ぬすみ加工
(p) ソリッドドリル加工
(q) トレパニング加工
(r) カウンタボーリング加工
(s) ローラバニシング加工
(t) バリ取り加工

> **要点ノート**
> いろいろな用途のバイトがあります。それぞれの加工に適した工具を選定しなければなりません。加工の種類を覚えましょう。

2 加工の基礎知識

工具材質の分類①
ハイス系工具と超硬合金工具

　工具の材質は加工物の材質より硬く、しかも靱性の高いことが前提です。工具にはドリルやエンドミルのハイス系（高速度工具鋼）、現在最もよく利用されているスローアウェイチップとしての超硬質工具系、鋳鉄や焼き入れ材の仕上げ加工などに用いられるCBN（立方晶窒化ホウ素）結晶体、高硬度材の切削に用いられるセラミックス工具、アルミニウム合金の鏡面仕上げや超硬合金加工用としてのダイヤモンド工具があります。

❶ハイス系工具

　高速度工具鋼（SKH）と呼ばれ、ハイスは鉄にタングステン（W）やクロム（Cr）、バナジウム（V）などを加えたタングステン系ハイス（SKH2〜SKH10）、Wやクロム（Cr）、モリブデン（Mo）を添加して高速度、靱性を重視したモリブデン系ハイス（SKH51）、耐摩耗性・長寿命用としてモリブデン系ハイスにコバルト（Co）を結合剤として、高温度で焼結形成したコバルト系粉末ハイス（SKH55〜SKH56）などがあります。さらにPVD（物理蒸着法）の方法を用いて、ハイス切れ刃表面に窒化チタン（TiN）、炭化チタン（TiC）などの硬質化合物で数μmの薄い膜を形成し、耐摩耗性を向上させている工具もあります。

　ハイス系工具はタングステン系ハイスが多く用いられ、工具材の中では硬さは最も低いのですが靱性は高く、折れにくい、欠けにくいなどの利点があります。

❷超硬合金工具

　超硬合金工具材には超硬合金、超微粒子超硬合金、サーメット、コーテッド超硬合金があります。超硬合金は炭化タングステン（WC）を主成分にし、TiCや炭化タンタル（TaC）を添加しコバルトを結合剤として焼結したもので、JISでは表1-3のようにP、M、K、N、S、H種に分類されています。一般的に使われる種類はP、M、K種です。

　P種は一般構造用鋼材、M種は可鍛鋳鉄やステンレスなど硬い材料、K種は鋳鉄や非鉄金属の切削に適用されます。各種類の分類記号の中にP01のように番号が付いていますが、この番号が大きいほど耐摩耗性は低いが靱性は高い

(欠けにくい）ということになっています。

この表で高速切削というのは切削速度を高速にすることができる、また高送りというのは送り速度を速くできるということです。また材料記号Nは非鉄金属加工用、Sは難削材加工用、Hは高硬度材加工用に分類されています。

旋削用工具として超硬チップの母材をそのままチップにする例は少なく、アルミナやサーメットをコーティグし、耐摩耗性と長寿命化を図っています。

超硬合金の機械的性質を**表**1-4に示します。

表 1-3 | 超硬工具材料の分類

大分類	識別色	被削材	使用分類記号	高速切削 高耐摩耗性	高送り切削 高靱性
P	青色	・鋼 ・鋳鋼	P01 〜 P50	↑	↓
M	黄色	・オーステナイト系 　ステンレス ・ステンレス鋳鋼	M01 〜 M40	↑	↓
K	赤色	・ネズミ鋳鉄 ・球状黒鉛鋳鉄 ・可鍛鋳鉄	K01 〜 K40	↑	↓
N	緑色	・アルミニウム ・その他の非鉄金属 ・非金属材料	N01 〜 N30	↑	↓
S	茶色	・ニッケル、コバルト 　基耐熱合金 ・チタンおよびチタン合金	S01 〜 S30	↑	↓
H	灰色	・高硬度鋼 ・高硬度鋳鉄 ・チルド鋳鉄	H01 〜 H30	↑	↓

表 1-4 | 超硬合金の機械的性質（イゲタロイ　カタログより引用）

識別記号	分類	硬さ（HRA）	熱伝導率 (W/m・K)	抗折力 (Gpa)
P	P10 P20	92.1 91.8	25 42	1.9 1.9
M	M20	90.5	38	2.0
K	K10	92.0	79	2.0

1 GPa = 102 kg/mm^2

> **要点ノート**
>
> ハイス系工具は自由な形に成形できるので、ドリルやタップなどの材質に適しています。超硬合金工具はP、M、K、N、S、H種に分類されており、その分類記号の中の番号が大きいほど耐摩耗性が低く、靱性が高いことを覚えましょう。

2 加工の基礎知識

工具材質の分類② サーメット工具、セラミックス工具、CBN焼結体、ダイヤモンド焼結体

❶サーメット工具

　サーメットも超硬合金の一種として取り扱われています。TiC、TiNを主成分としたTiC-TiN系サーメットや窒素含有炭化チタンTiCN、炭化ニオブ（NbC）を主成分とするTiCN-NbC系などがあります。セラミックスと超硬合金との中間的性質を持っており、耐摩耗性、耐クレータ性に優れるため、高速切削に適しています。また鉄との親和性が低いため、良好な仕上げ面が得られます。一般旋削の中〜仕上げ加工、フライス・ねじ切り・溝入れ加工などで安定した加工ができます。JISでの材料記号はHTを用います。

❷セラミックス工具

　高温特性、化学的安定性に優れたアルミナ（Al_2O_3）を主成分とし、ジルコニア（Zr）、TiCなどを添加して焼結したもので、高温中での硬さが非常に硬いため高速加工における長寿命、安定した加工を可能にしています。アルミナ系（白色）、アルミナ・炭化チタン系（黒色）、窒化ケイ素系（灰色）があり、アルミナ系は鋳鉄の高速連続仕上げ切削に適しており、アルミナ・炭化チタン系は鋼や鋼高度鋼の切削や鋳鉄の旋削など連続切削に適しています。窒化ケイ素系は比較的抗折力に強いので、切削剤を使って加工する鋳鉄の高速高送り切削やダクタイル鋳鉄を断続切削する、いわゆる湿式切削に適しているといえます。

　一方セラミックスは、超硬合金と比べて抗折力が小さいので刃先にチッピング（欠損）を起こしやすく、さらに熱伝導率が小さいため刃先に熱が蓄積されやすいといわれています。また、鉄との親和性が非常に低いので、長時間安定した仕上げ面が得られる利点があります。セラミックス工具の機械的性質を**表1-5**に示します。

❸CBN焼結体

　一般にボラゾンといわれ、CBN（立方晶窒化ホウ素）を主成分とし、TiCやAl_2O_3を添加した焼結体で、ダイヤモンドに次いで硬度が高く、高温における硬度は超硬合金より高い工具です。また鉄との親和性が低く化学反応を起こしにくいので、鋳鉄の高速切削や高硬度ロール切削など焼き入れ鋼の仕上げ加工

に適用されます。一般に多く市販されているものは図1-29のように超硬チップのコーナーにろう付けされています。材料記号は、窒化ホウ素の含有量が少ないものはBL、含有量が多いものはBHで表されます。

❹ダイヤモンド焼結体

　PCDといわれ人工ダイヤモンドの微粉末を高温、高圧下で超硬合金の母材上に焼結したもので、工具材の中で最も硬い工具です。高硬度で耐摩耗と耐欠損性に優れ高速切削が可能です。アルミニウム合金や銅合金などの非鉄金属、強化プラスチックやカーボンなどの非金属の旋削、フライス加工に使用されますが、鉄、Ni、Coおよびこれらの成分を含む材料の加工では、高温下で化学反応を起こすので適用されません。

　ダイヤモンド焼結工具もCBNと同じように超硬のコーナに張り付けたものが多く市販され、主に仕上げ加工に使われます。

　ダイヤモンド工具にはその他に単結晶ダイヤモンドがありますが、特別な場合を除いてダイヤモンド焼結体が多く使われています。

　CBN焼結体とダイヤモンド焼結体の機械的性質を表1-6に示します。

表1-5 セラミックス工具の機械的性質（京セラ　カタログより引用）

材料記号	種類	硬さ (Gpa)	熱伝導率 (W/m・K)	抗折力 (Mpa)
CA	アルミナ系	17.5	29	750
CM	アルミナ・炭化チタン系	20.1	21	980
CN	窒化ケイ素系	15.6	25.4	1200

1 GPa = 102 kg/mm^2

図1-29 ボラゾンチップ

ボラゾン

表1-6 CBNとPCDの機械的性質（イゲタロイ　カタログより引用）

材種	材料記号	硬さ (Gpa)	熱伝導率 (W/m・K)	抗折力 (Gpa)	備考
ボラゾン	BH	41	1300	1.2	窒化ホウ素の含有量が多いCBN
PCD	—	110	2100	2.6	多結晶ダイヤモンド

1 GPa = 102 kg/mm^2

> **要点ノート**
> 工具材種にはハイス系、超硬工具系、サーメット系、CBN焼結体、セラミックス系、ダイヤモンド系があります。一般的によく使われている超硬工具の種類と特徴を覚えましょう。

❰2❱ 加工の基礎知識

超硬チップの呼び方

　NC旋盤に使用される外径、内径工具には、特殊な工具などを除いてシャンクの先端にスローアウェイチップを固定したものが多く使用されます。チップブレーカの形状も含めると数えきれないほど多くのチップが市販されているので、それらを逐一覚えることは大変困難なことですが、チップの呼び方はJISで定められており、その表示は記号と数字によって表されているので、自社で使われているチップの形状やコーナR（刃先R）などをJISと比較すれば、チップの諸元を知ることができます。

　JISではチップの呼び方を**図1-30**のように決めています。

　⑧、⑨、⑩の表示は任意記号です。

❶形状記号
　チップの形状は正三角形、菱形などいろいろあり、記号によって**図1-31**のように規定しています。刃先角は小さい方の角度を表示します。

❷逃げ角記号
　逃げ角とは**図1-32**のように、主切れ刃に対する逃げ角をいいます。

❸等級記号
　コーナ高さ、内接円、厚さの許容差を決めたものです（**図1-33**）。内接円とは多角形の各辺に内接する円をいいます。コーナ高さとは、奇数辺のチップの場合は底辺からコーナまでの長さ、偶数辺のチップの場合は内接円からコーナまでの長さをいいます。

❹溝・穴記号
　溝・穴記号を**図1-34**に示します。

図1-30 | 呼び方の構成要素（三菱マテリアル　カタログより引用）

C	N	M	G	12	04	08	(E)	(N)	MP
①形状記号	②逃げ角記号	③等級記号	④溝・穴記号	⑤切れ刃の長さまたは内接円の記号	⑥厚さ記号	⑦コーナ記号	⑧主切れ刃の状態記号	⑨勝手記号	⑩補足記号

⑧⑨⑩：任意記号

穴とはチップにクランプ用の穴があるか、無いかということです。
❺切れ刃の長さまたは内接円の記号
　内接円の大きさ、等辺チップ、不等辺チップ、円形チップの切れ刃の長さを示します（図1-35）。
❻厚さ記号
　厚さとはチップの下面から切れ刃までの高さを言います（図1-36）。
❼コーナ記号
　コーナRの大きさを示します（図1-37）。

図1-31　形状記号

記号	チップの形状
H	正六角形 
O	正八角形
P	正五角形
S	正方形
T	正三角形
C	菱形頂角80° 
D	菱形頂角55° 
E	菱形頂角75° 
F	菱形頂角50°
M	菱形頂角86°
V	菱形頂角35° 
W	等辺不等角六角形
L	長方形
A	平行四辺形頂角85°
B	平行四辺形頂角82°
K	平行四辺形頂角55° 
R	円形
X	特殊形状 

図1-32　逃げ角記号

記号	逃げ角（度）
A	3° 
B	5° 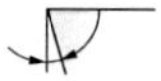
C	7° 
D	15° 
E	20° 
F	25° 
G	30° 
N	0° 
P	11° 
O	その他の逃げ角

逃げ角は主切れ刃に対する逃げ角とする。

図 1-33　等級記号

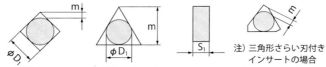

記号	コーナ高さ 許容差 m（mm）	内接円許容差 φD₁（mm）	厚さ許容差 S₁（mm）
A	±0.005	±0.025	±0.025
F	±0.005	±0.013	±0.025
C	±0.013	±0.025	±0.025
H	±0.013	±0.013	±0.025
E	±0.025	±0.025	±0.025
G	±0.025	±0.025	±0.13
J	±0.005	±0.05 － ±0.15	±0.025
K*	±0.013	±0.05 － ±0.15	±0.025
L*	±0.025	±0.05 － ±0.15	±0.025
M*	±0.08 － ±0.18	±0.05 － ±0.15	±0.13
N*	±0.08 － ±0.18	±0.05 － ±0.15	±0.025
U*	±0.13 － ±0.38	±0.08 － ±0.25	±0.13

＊印のものは原則として側面は焼結肌のインサートである

図 1-34　溝・穴記号（メートル系）

記号	穴の有無	穴の形状	ブレーカの有無	チップ断面	記号	穴の有無	穴の形状	ブレーカの有無	チップ断面
W	あり	一部円筒穴 ＋片面取 （40-60°）	なし		A	あり	円筒穴	なし	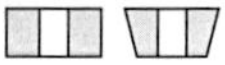
T	あり		片面		M	あり	円筒穴	片面	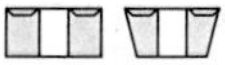
Q	あり	一部円筒穴 ＋両面取 （40-60°）	なし		G	あり	円筒穴	両面	
U	あり		両面		N	なし	－	なし	
B	あり	一部円筒穴 ＋片面取 （70-90°）	なし		R	なし	－	片面	
H	あり		片面		F	なし	－	両面	
C	あり	一部円筒穴 ＋両面取 （70-90°）	なし		X	－	－	－	特殊
J	あり		両面						

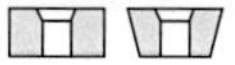

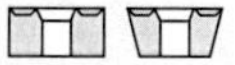

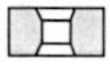

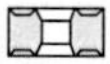

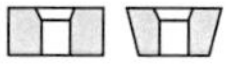

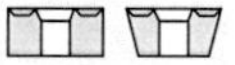

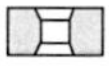

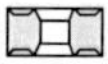

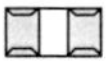

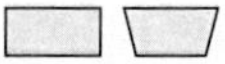

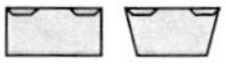

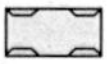

第1章 加工準備の基礎知識

図 1-35 | 切れ刃の長さまたは内接円の記号

R	W	V	D	C	S	T	内接円 (mm)
			チップ形状				
	02		04	03	03	06	3.97
	L3	08	05	04	04	08	4.76
	03	09	06	05	05	09	5.56
06							6.00
	04	11	07	06	06	11	6.35
	05	13	09	08	07	13	7.94
08							8.00
09	06	16	11	09	09	16	9.525
10							10.00
12							12.00
12	08	22	15	12	12	22	12.70
15	10		19	16	15	27	15.875
16							16.00
19	13		23	19	19	33	19.05
20							20.00
			27	22	22	38	22.225
25							25.00
25			31	25	25	44	25.40
31			38	32	31	54	31.75
32							32.00

図 1-36 | 厚さ記号

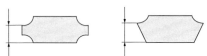

＊厚さは底面と切れ刃最高部との高さとする。

記号	インサート厚さ (mm)
S1	1.39
01	1.59
T1	1.79
02	2.38
T2	2.78
03	3.18
T3	3.97
04	4.76
06	6.35
07	7.94
09	9.52

図 1-37 | コーナ記号

記号	コーナ半径 (mm)
00	シャープコーナ
V3	0.03
V5	0.05
01	0.1
02	0.2
04	0.4
08	0.8
12	1.2
16	1.6
20	2.0
24	2.4
28	2.8
32	3.2
インサートの直径寸法がインチ径は00 インサートの直径寸法がメートル系はM0	円形インサート

要点ノート

チップの大きさ、厚さ、刃先Rの大きさなどいろいろな種類があります。JISで規定されているので、チップの記号と内容を理解しましょう。

2 加工の基礎知識

外径、内径工具の切削条件

　切削条件とは切削の3要素といわれる切込み量、送り量、切削速度を決めることであり、これらの要素が決まらないと加工ができません。チップの材質が数多くあり、またチップブレーカの種類も豊富なので切削条件を決めるのはなかなか難しいのですが、工具メーカーのカタログには**図1-38**に示すようなチップの材質、ブレーカの形状に適用される領域が示されていますので、最初はそれを参考にして切削条件を決めるといいでしょう。

　図1-38は呼び記号CNMG＊＊＊のFHタイプ（メーカー独自の記号）のコーティングチップブレーカの推奨加工条件を示しています。このチップは炭素鋼の仕上げ切削用で、一般切削として切込み量は1.0 mm以下、送り量は0.1～0.2 mm/revの範囲で加工すれば良好な結果が得られることを示していますが、やはりチップの材質や加工物のセッティングの状態によって大きく左右されるので、最終的には加工した結果を見て切削条件を決めなければなりません。

　チップの材質、形状に対する個々の切削条件を決めるのはなかなか大変ですが、工具の材質、被削材、切削状態に対する工具メーカーからの目安を**表1-7**

図1-38 チップ形状とブレーカ適用マップ（三菱マテリアル　カタログより引用）

切削状態（目安）：	● 安定切削　◖ 一般切削　✛ 不安定切削				
被削材	P	鋼		●◖✛✛✛✛	○◉✛○✛
	M	ステンレス鋼			
	K	鋳鉄		◖	
	N	非鉄金属			
	S	耐熱合金、チタン合金			●
インサート外観	切りくず有効範囲 ap：切込み f：送り	呼び記号	コーナR Re (mm)	コーティング UE6105 UE6110 MC6025 UE6020 UE6035 UH6400	MC7015 MC7025 MP7035 US7020 US735 US905
FH 仕上げ切削	炭素鋼・合金鋼 ap(mm) 3 2 1 0.1 0.2 0.3 0.4 f(mm/rev)	CNMG120402-FH	0.2	●　▲	▲
		120404-FH	0.4	●　▲	
		120408-FH	0.8	●	
		120412-FH	1.2		

に示します。

　中切削では機械の剛性やチャッキング状態などにより、また仕上げ加工では面粗さや形状誤差などの制約があるため、このままの加工条件が適用できないこともありますが、おおよその切削条件の傾向は把握できると思いますので、参考資料として掲載しておきます。

表 1-7 切削条件（イゲタロイ、三菱マテリアル　カタログより引用）

材種	被削材例	切削状態	切込み (mm)	送り量 (m/rev)	切削速度 (m/min)
P (Al$_2$O$_3$コーティング)	・軟鋼（SS41）	仕上切削	0.5～1.5	0.1～0.4	340（260～420）
		中切削	1.0～4.0	0.2～0.5	260（200～320）
	・中鋼 (S45C,SCM435)	仕上切削	0.5～1.5	0.1～0.4	275（210～340）
		中切削	1.0～4.0	0.2～0.5	190（150～230）
	・硬鋼 (SCM440H)	仕上切削	0.5～1.5	0.1～0.4	225（170～280）
		中切削	1.0～4.0	0.2～0.5	165（130～200）
M	・快削ステンレス	仕上切削	0.5～2.0	0.05～0.25	225（170～300）
		中切削	1.0～4.0	0.1～0.4	180（140～235）
K	・鋳鉄 ・ダクタイル鋳鉄	仕上切削	0.3～4.0	0.2～0.5	220（165～305）
		中切削	1.5～5.0	0.25～0.6	220（165～305）
N	・非鉄（アルミニウム合金、銅合金）	仕上切削	0.2～3.0	0.1～0.4	500（300～700）
S	・チタン ・チタン合金	仕上切削	0.2～1.5	0.1～0.2	65（50～80）
		中切削	0.5～3.5	0.15～0.3	55（40～70）
H	・高硬度鋼 ・高硬度鋳鉄	仕上切削	0.03～0.35	0.03～0.3	130（70～170）
		中切削	0.05～0.5	0.03～0.3	130（50～220）
サーメット	・軟鋼（SS41）	仕上切削	0.3～1.8	0.08～0.35	280（150～400）
	・中鋼 (S45C,SCM435)	仕上切削	0.5～2.0	0.08～0.35	200（100～300）
		中切削	0.8～4.0	0.15～0.5	200（100～300）
	・硬鋼 (SCM440H)	仕上切削	0.5～2.0	0.08～0.35	150（50～250）
		中切削	0.8～4.0	0.15～0.5	150（50～250）
CBN	・浸炭鋼	－	～0.3	～0.2	200（80～250）
	・Ni基耐熱合金（インコネル）	－	～0.5	～0.2	120（100～150）
ダイヤモンド焼結体	・アルミニウム合金	－	～3.0	～0.2	600（200～1000）
	・強化プラスチック	－	～2.0	～0.4	600（100～1000）
	・カーボン	－	～2.0	～1.0	400（100～600）

要点ノート

切削条件とは切削の3要素（切込み量、送り量、切削速度）を決めることです。超硬工具による切削条件の目安を表にしましたが、最終的には自社で最適な条件を見つけることが重要です。

2 加工の基礎知識

ねじ切り工具と切削条件

　旋削加工におけるねじ切り作業は、ねじ切り工具による三角ねじ、角ねじ、台形ねじ、管用ねじなどがあります。三角ねじの頂角は60°が一般的ですが、管用平行ねじと管用テーパねじは55°、台形ねじは30°であり、超硬チップの場合それぞれの角度に応じた超硬チップが用意されています。

　ねじ切りチップには図1-39に示すような平置きタイプと縦置きタイプがあり、さらに平置きタイプのチップには図1-40のように普通刃チップ（仕上げ刃無しチップ）と仕上げ刃付きチップがあります。

　仕上げ刃とはねじの加工時にねじ山のバリを除去するために設けられた切れ刃をいいます。縦置きタイプのチップの方が剛性は高いといえますが、通常のねじ込切りではどちらのタイプでも大きな差はありません。どちらも利点、欠点がありますので、自社のチップの管理状態を考慮して決めた方がいいでしょう。

　仕上げ刃無しチップは

①ねじのピッチが異なっても、山角が同じであれば1つのチップで共通に加工できます。

②ねじ加工時にバリが発生しやすくなります。

　仕上げ刃付きチップは

①ねじのピッチが変わるごとにチップを交換する必要があります。

②ねじ下加工の加工寸法にばらつきがあっても正規のねじの寸法に加工でき、またねじ山と軸心の同心度を上げる作用もあります。

③ねじ加工時にバリが発生しません。

などの特徴があります。

図1-39　ねじ切りチップの2つのタイプ

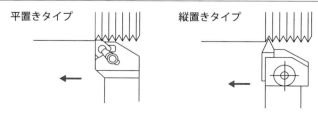

平置きタイプ　　　　　縦置きタイプ

ねじ切り工具で重要なことは、ねじのピッチとリードの関係を理解することです。リードとはねじを1回転した時にねじ山が進む距離のことで、リードLとねじピッチとは次の関係があります。

$L = P \times n$ (mm)

P：ねじのピッチ（mm）

n：条数

通常は1条ねじが広く利用されるのでリードとピッチは同じですが、2条ねじの場合リードはピッチの2倍になります。

ねじ切りの切削条件の目安を**表1-8**に示します。

図1-40 仕上げ刃チップ（三菱旋削工具カタログより引用）

仕上げ刃無し	仕上げ刃付き	ハーフ仕上げ刃付き（台形ねじ）
・1つのチップで異なるピッチのねじ切りが可能。したがってチップの在庫管理が容易。 ・仕上げ刃付きチップに比べノーズRが小さいため工具寿命が短い。 ・バリ取り工程が別に必要。	・ピッチ、形状ごとにチップが必要。したがって在庫管理が面倒。 ・ねじ山にバリが発生しないのでバリ作業が不要。	

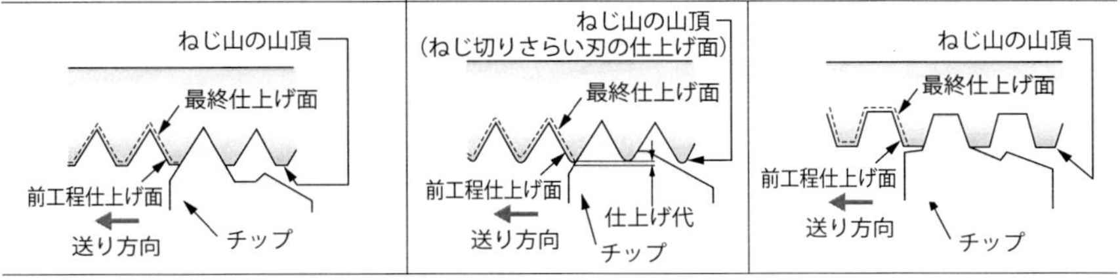

表1-8 ねじ切り加工の切削条件

被削材	超硬材質	切削速度（m/min）
軟鋼　例 S10C など	P	100～180
炭素鋼、合金鋼　例 S45C、SCM440 など	P	100～150
ステンレス鋼　例 SUS304 など	M	80～150
ネズミ鋳鉄　例 FC300 など	K	60～100
非鉄金属　例 A6061 など	N	250～350

要点 ノート

ねじ切り工具には仕上げ刃付きと仕上げ刃無しのチップがあります。仕上げ刃無しのチップは管理しやすい一方、バリが発生しやすくなります。チップの選定には検討が必要です。

《2 加工の基礎知識

溝入れ工具と切削条件

　一般に溝入れ加工というのは、外径溝入れ、内径溝入れとも単に直径方向に加工、端面溝入れは端面側に溝加工を行うだけの加工をいいますが（**図1-41**）、溝入れ工具に強度を持たせ、チップの形状を工夫して軸方向に送りをかけ、溝を広げる機能を持つ多機能溝入れ工具（**図1-42**）もあります。溝入れ工具は通常の外径、内径切削工具に比べて刃先がシャンクから長く突き出ているためにシャンクに対して直角方向に曲がりやすいので、溝幅の形状に対してなるべく幅の広い工具を選定します。

　溝入れ加工では次の点に注意が必要です。
① 加工に合わせて、なるべく突出し長さの短いブレードを選定します（**図1-43**）。
② 刃物台にセットとする時の心高は、通常の溝入れ加工時は±0.1 mmに、突切り加工時には0.1〜0.2 mm高めにセットします。
③ 工具先端が主軸中心に対して直角になるよう取り付けます。直角でない時は溝の底部が軸線に平行になりません（**図1-44**）。
④ 端面加工用ホルダのブレードの部分は、端面加工ができるように湾曲しています。溝を大きい直径側から中心部の方へ広げる溝加工においては、**図1-45**のようにブレードの湾曲部Dが溝の外側径より小さいブレードを選択します。
⑤ 端面を加工する時、正転で加工する時と逆転で加工する時ではホルダの勝手が異なりますので、注意しなければなりません（**図1-46**）。
⑥ 刃幅は「溝幅－2×溝底R」以下のチップを使用します。
⑦ 溝幅を広げる時は、**図1-47**のように切れ刃の片側に切削力を掛けないよう、①、②、③の順序で均等に加工します。

　溝入れ加工の切削条件の目安を**表1-9**に示します。

第1章 加工準備の基礎知識

図 1-41 溝入れ工具の種類

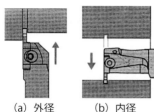

(a) 外径　　(b) 内径　　(c) 端面

図 1-42 多機能溝入れ工具

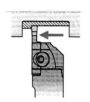

図 1-43 ブレードの突出し長さ

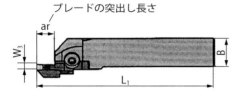

図 1-44 中心軸に対し直角

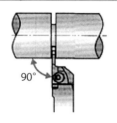

図 1-45 端面溝入れ工具の湾曲

右勝手ブレード

図 1-46 正転、逆転での勝手違い

右勝手、逆転　　左勝手、正転

表 1-9 溝入れ加工の切削条件

溝入れ加工切削条件　工具幅2.0〜4.0 mm程度			
被削材	超硬材質	切削速度 (m/min)	送り量 (mm/rev)
軟鋼　例 S10Cなど	P	100〜200	0.04〜0.1
炭素鋼、合金鋼　例 S45C、SCM440など	P	80〜150	0.05〜0.15
ステンレス鋼　例 SUS304など	M	60〜120	0.05〜0.1
ネズミ鋳鉄　例 FC300など	K	80〜180	0.05〜0.15
非鉄金属　例 A6061など	N	300〜400	0.05〜0.15

図 1-47 溝入れ順序

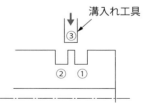

> **要点ノート**
> 溝入れ工具はブレードが弱いので、ブレードが破損したり、ビビリが発生しやすくなります。ブレードになるべく力を掛けないような工夫が必要です。

《2 加工の基礎知識

穴あけ工具と切削条件

　旋削加工における穴あけ作業は、主軸の中心に行われるのが基本です。したがって、主軸の中心とドリルの中心が一致していないと穴が大きくなったり、またドリルに過大な力が加わりドリルが破損することがあるので、心合わせは非常に重要です。主軸にダイヤルゲージを固定し、内径ベースホルダの中心を拾うことによって主軸とドリルの心を合わせることができます。代表的なドリルはハイスまたは超硬のツイストドリル（**図1-48**）、スローアウェイドリル（**図1-49**）です。

　テーパシャンクに用いられるテーパはモールステーパといわれ、約1/20のテーパが付いています。**表1-10**のようにドリルの直径に対して1～6の番号が付けられているので、刃物台や心押台のテーパに合うテーパシャンクを選ばなければなりません。なお、直径13 mm以下でもストレートシャンクのドリルが製作されています。

　通常、ツイストドリルの先端角は118°、ねじれ角は30°ですが、硬い被削材

図1-48 ツイストドリル

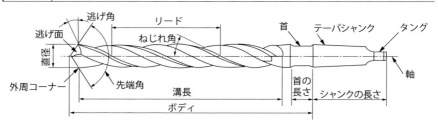

図1-49 スローアウェイドリル

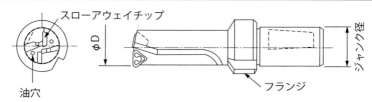

の場合の先端角は118°より大きくする、あるいは低ねじれ角のドリルを選定するなど、材質によってドリルを選定しなければなりません。

ツイストドリルの切削条件を表1-11、スローアウェイドリルの切削条件を表1-12に示します。

表1-10 モールステーパの区分（NACHI　カタログより引用）

モールステーパの番号	ドリル径
1	14以下
2	14～23
3	23～32
4	32～50
5	50～76
6	76～100

表1-11 ツイストドリルの切削条件

ツイストドリル（φ6～φ16）		
被削材	切削速度（m/min）	送り量（mm/rev）
軟鋼　例 S10Cなど	15～30	0.1～0.3
炭素鋼、合金鋼　例 S45C、SCM440など	15～30	0.1～0.3
ステンレス鋼　例 SUS304など	5～12	0.08～0.2
ネズミ鋳鉄　例 FC300など	20～30	0.15～0.45
非鉄金属　例 A6061など	30～50	0.25～0.5

表1-12 スローアウェイドリルの切削条件

スローアウェイドリル（φ20～φ30）		
被削材	切削速度（m/min）	送り量（mm/rev）
軟鋼　例 S10Cなど	130～220	0.04～0.12
炭素鋼、合金鋼　例 S45C、SCM440など	100～200	0.08～0.24
ステンレス鋼　例 SUS304など	100～180	0.06～0.18
ネズミ鋳鉄　例 FC300など	120～200	0.10～0.35
非鉄金属　例 A6061など	200～320	0.06～0.17

要点 ノート

ドリルでの穴あけ加工では、主軸とドリルの心がしっかり合っていないとドリルが破損します。また長い切屑が出る時はケガに注意しましょう。

2 加工の基礎知識

切れ刃の名称とその影響

　スローアウェイ工具はシャンク部、クランプ部、スローアウェイチップで構成され、総称してバイトと呼んでいます。一般的な外径切削工具の切れ刃の名称を図1-50に示します。この中で、横切れ刃角、真のすくい角（すくい角）、コーナ半径、チップブレーカが仕上面に大きく影響します。

❶横切れ刃角

　切削による衝撃荷重を和らげ、送り分力と背分力（次項）、切屑の厚みに影響を与えます。横切れ刃角を大きくすると切屑の接触長さが長くなりますが、切屑厚みは薄くなり、さらに切削力が主分力（次項）にだけ集中されるのではなく、背分力、送り分力に分散されるので工具の寿命を長くします。

　図1-51のように送り量をf、切屑の厚さをhとすると、横切れ刃角ゼロでは$h=f$となりますが、横切れ刃角が30°になると切屑厚さは$h=0.87f$と薄くなって、衝撃荷重を和らげます。しかし、横切れ刃角を大きくすると背分力が大きくなり、その反力として加工物にもその力が掛かるので、細長い加工物ではビビリが発生しやすくなります。したがって、ビビリを抑えるためには一般的に横切れ刃角の小さい工具で加工します。

図 1-50　切れ刃の名称

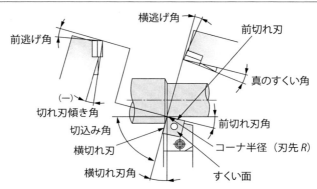

第1章 加工準備の基礎知識

図 1-51 | 横切れ刃角

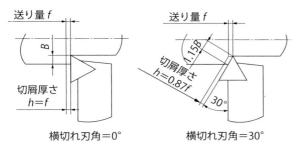

図 1-53 | 刃先 R と面粗さ

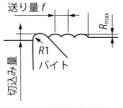

(a) 刃先 R 小さい

図 1-52 | 正、負のすくい角

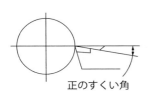

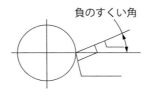

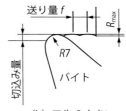

(b) 刃先 R 大きい

❷すくい角

　すくい角は切削抵抗、切屑の排出、切削熱に大きな影響を与えます。切削された切屑はこのすくい面を摺動するので、摩擦熱によって摩耗することが多く、この摩耗をクレータ摩耗（すくい面摩耗）といいます。この摩擦熱を冷却するために切削油剤が使われます。

　すくい角は工具の切れ味に影響し、図 1-52 の正のすくい角を大きくすると切屑が流れ形になり切れ味が良くなりますが、刃先強度は低下します。一方、負のすくい角を大きくすると刃先強度は増しますが、切削抵抗が大きくなります。断続切削のように刃先の強度を必要とする時は負のすくい角にします。

❸刃先 R

　チップの先端に設けられた円弧形状のもので、刃先強度や仕上げ面粗さに影響します。刃先 R を大きくすると刃先強度は増加し、仕上げ面粗さは良くなりますが切削抵抗が増加しビビリなどの原因となります。図 1-53 のように切込み量と送り量が同じであれば、刃先 R が大きいほど面粗さは良くなります。

> **要点 ノート**
> 切削に大きな影響を及ぼすのは横切れ刃角、すくい角、コーナ R（刃先 R）、チップブレーカです。断続切削、高硬度の切削、ビビリ対策などにはこれらの諸元をよく検討しましょう。

2 加工の基礎知識

切削抵抗とモータ出力

❶切削抵抗の3分力

プログラムを作成する時、加工物の形状（長いか短いか、大きいか小さいかなど）や工作物を把持する方法などの条件によって、主軸回転数や切込み量、送り量などを決定してから作成します。これをいい加減にしてプログラムを作ってしまうと、主軸のモータが加工途中で停止したり、加工物にビビリが発生するようなトラブルが起きます。したがって、プログラムを作成する前にツールレイアウトやタイムスタディを入念に作成し、そのうえでプログラムを作成することを推奨します。

工具の刃面に力が掛かる時、これを切削抵抗といいます。実際の加工では、すくい角や横切れ刃角など傾斜した面に力が加わるので、一般には切削抵抗を図1-54のように3つの力に分けて考えます。これを切削抵抗の3分力といいます。横切れ刃角や刃先Rの大きさによっても切削抵抗は変わります。

- 主分力P_1：工作物の回転の接線方向に働く力のことで、3分力の中で最も大きく、主分力を主切削抵抗ともいいます。主軸回転モータ動力の計算にはこれを用います。
- 送り分力P_2：工具の送り方向に掛かる力で、送り動力を計算する時に利用されます。3分力の中では最も小さな値です。
- 背分力P_3：工具のシャンク側に掛かる力のことで、その反力で加工物を押す力でもあります。

図1-55は工具の切込み角と切削抵抗の関係の一例を示します。切込み角が45〜90°ではおおよそ$P_1:P_2:P_3 = 10:(2〜1):(4〜2)$の関係があり、また切込み角が大きくなると主分力、背分力は減少するが送り分力は増加する傾向があることを示しています。

図1-56は刃先Rと切削抵抗の関係を示したものです。刃先Rを大きくすると主分力、背分力がともに大きくなる傾向になります。

❷モータ出力

図1-57のように送り量f（mm/rev）と切込み量t（mm）を掛けた面積（斜線部）$q = f \times t$（mm^2）を切削面積といい、切削面積1mm^{2}当たりの切削抵抗

図 1-54 切削抵抗の 3 分力

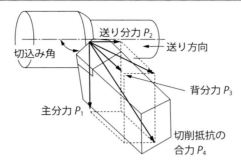

図 1-55 切込み角と切削抵抗

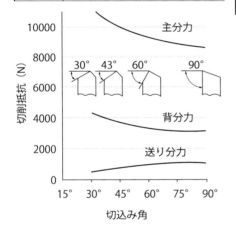

図 1-56 刃先 R と切削抵抗の関係
（イゲタロイ　カタログより引用）

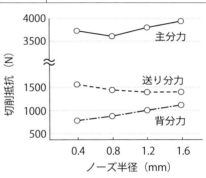

被 削 材：SCM440（38HS）
チ ッ プ：TNGA2204○○
ホ ル ダ：PRGNR2525－43
切削条件：v_c＝100 m/min
　　　　　a_p＝4 mm
　　　　　f＝0.45 mm/rev

図 1-57 切削面積

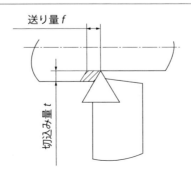

を比切削抵抗といいます。

比切削抵抗は被削材の材質や硬さによってその大きさが異なるのはもちろんですが、送り量によっても異なります（**表1-13**）。送り量が大きくなると比切削抵抗は小さくなる傾向になります。

通常の切削においては、切削抵抗P_cは比切削抵抗と切削面積の積であり、次式から求めます。

$$P_c = \frac{K_c \times q}{1000} \text{ kN}（キロニュートン） \quad ②$$

　K_c：比切削抵抗 MPa（メガパスカル）
　q：切削面積（mm²）、q = 切込み量 t × 送り量 f

切削に必要なモータ出力Pの計算は式③で求めます。

$$P = \frac{V \times P_c}{60 \times \eta} \text{ kW} \quad ③$$

　V：切削速度（m/min）
　P_c：切削抵抗（kN）
　η：機械効率、通常 0.8〜0.7

［例］S50C相当の被削材の直径100 mmのところを切込み量2.5 mm、主軸1回転当たりの送り量0.2 mm/rev、切削速度200 m/minで加工した時、切削抵抗P_cは$P_c = K_c \times q/1000 = 3430 \times 2.5 \times 0.2/1000 = 1.72$ kNとなるので、機械効率を0.8とすると出力は次式で求めることができます。

図 1-58 ｜ 主軸出力線図

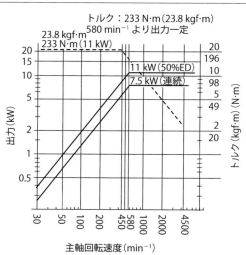

表 1-13　被削材の材種に対する比切削抵抗（タンガロイ　カタログより引用）

被削材材種	引張強さ(MPa)および硬さ	各送り値に対する比切削抵抗 K_c（MPa）				
		0.04 (mm/rev)	0.1 (mm/rev)	0.2 (mm/rev)	0.4 (mm/rev)	1.0 (mm/rev)
SS400、S15C 相当	390(100HB)	3430	2840	2450	2080	1700
S35C、S40C 相当	590(170HB)	4220	3490	2940	2500	2080
S50C、SCr430 相当	785(230HB)	4900	4020	3430	2940	2400
SCM440、SNCM439 相当	980(300HB)	5390	4410	3780	3240	2650
SKD 相当	1765(56HRC)	8390	6870	5880	5000	4120
FC200 相当	160HB	2550	1960	1630	1340	1030
FCD600 相当	200HB	3330	2550	2110	1750	1340
アルミニウム合金	89HB	1350	1130	950	810	670
アルミニウム	－	1050	870	740	640	520
マグネシウム合金	－	390	390	390	390	390
黄銅	－	1080	1080	1080	1080	1080

$$P = \frac{200 \times 1.72}{60 \times 0.8} = 7.2 \text{ kW}$$

　必要なモータの出力が求められたら、モータがこの出力を満足するかを調べます。

　工作機械の仕様書には図1-58に示すような主軸出力線図が必ず掲載されています。この線図は主軸の回転数と出力の関係を表す線図で、580 min^{-1}から4,500 min^{-1}の回転では7.5 kW、あるいは11 kWの出力一定領域と580 min^{-1}以下の回転では回転数が低下するにつれて出力が減少する領域があります。

　この例題では、直径100 mmの外径を200 m/minの切削速度で加工するということなので、この時の主軸回転数は次式で求められます。

$$N = \frac{1000 \times V}{\pi \times D} = \frac{1000 \times 200}{3.14 \times 100} = 637 \text{ min}^{-1}$$

図1-58において、637 min^{-1}の回転数の連続運転では7.5 kWの出力なので、連続運転においても出力は十分満足しているといえます。

要点　ノート

切削抵抗には主分力、送り分力、背分力の3抵抗があり、最も大きいのは主分力です。加工を行うときは、この主分力に打ち勝つだけのモータ出力が必要です。
切削条件を決めるときは、所要モータ出力の計算が必要となります。

ビビリ現象と対策

❶バイトのたわみとビビリ現象

バイトに切削抵抗が掛かるとバイトは曲げられ、ビビリの原因となります。切削抵抗によるバイトのたわみ量δは次式で求められます（**図1-59**）。

①外径工具のような角バイトのたわみ量δ

$$\delta = C_1 \frac{P_c \cdot L^3}{E \cdot b \cdot h^3} \quad \text{④}$$

　　C_1：定数、P_c：切削抵抗、E：縦弾性係数

②ボーリングバーのように断面が丸形の場合のたわみ量δ

$$\delta = C_2 \frac{P_c \cdot L^3}{E \cdot D^4} \quad \text{⑤}$$

　　C_2：定数、P_c：切削抵抗、E：縦弾性係数

この式から、たわみ量は角バイトおよび丸バイトのどちらもバイトの突出し長さの3乗に比例することが分かります。

したがって、角、丸バイトとも突出し長さを今より10％長く突き出した場合、たわみ量は約30％増加します。たわみを少なくするには、なるべく突出し長さを短くすることがコツです。

旋盤における振動には**図1-60**に示すように強制振動と自励振動に分けられます。強制振動とは外部から加えられた力によって起こる振動のことで、主に機械系の振動が多く関係します。これらに起因する振動数は一般に低いので、ビビリに対しては間接的な影響を与えるだけですが、自励振動を誘発すること

図1-59 突出し長さ

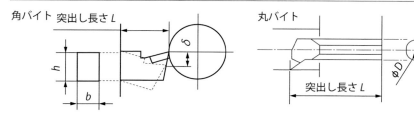

があります。工作精度に直接関係する振動は自励振動であり、これがビビリを引き起こします。切削時は切削抵抗（主に主分力）が発生し、そのために機械構造部分や加工物が変形し振動しますが、この変形が大きくなると次第に振動が大きくなり、ビビリ振動が発生してビビリマークが生じるようになります。

ビビリ振動の対策として、工作機械自体の構造の改善、工作物の取り付け関係の改善、工具の変更、切削条件の変更などが挙げられます。加工に関する対策では次のことをいろいろ試すことで解決されることが多くあります。

①チャックのつかみ代を多くして、加工物の固定を強固にします。
②特に異形物のチャックへの取り付けは、回転のアンバランスがないようにします。
③外径工具、内径工具を刃物台に取り付ける時は、突出し長さをできるだけ短くします。
④外径工具を刃物台に取り付ける時は、僅かに心高にすると前逃げ角が小さくなり、低い場合よりビビリを抑えます。しかし摩擦が大きくなり工具先端が加工物に食い込む傾向があり、逆にビビリを誘発することがあるので注意が必要です。
⑤横切れ刃角を大きくするとビビリやすいので、この角を小さくします。
⑥可能な限り刃先Rを小さくして切削抵抗を小さくします。
⑦ビビリが発生したら、まず切削速度を上下に変化させて様子を見ます。その後で送り量、切込み量をいろいろ変化させてビビリを抑えます。
一般に切削速度は低めに、送り量は高めにします。

図 1-60 | 振動の種類

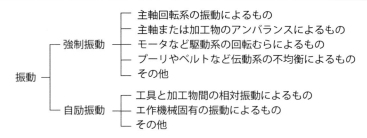

要点 | ノート

切削抵抗が掛かるとビビリが発生しやすくなります。ビビリの解消は難しい課題ですが、ビビリは主に自励振動によって引き起こされ、切削条件をいろいろ変えて、解決しなければなりません。

コラム1

● 設問1 ●

図1の形状を加工する時の切削条件、切削時間を表1のように作成しました。表中の（イ）～（ヌ）に最も近い数値を語群から選択し、表を完成させなさい。

- 穴あけの加工開始点はA点、端面および外径加工はB→C→D→Eを周速一定機能で加工するものとします。
- π＝3.14として計算しなさい。
- 切削時間は分単位とし、小数点以下第3位を切り上げ、第2位まで求めなさい。

表1

加工順序	工具No.	加工個所	加工直径(mm)	主軸回転数(min^{-1})	切削速度(m/min)	送り量(mm/rev)	切削長さ(mm)	切削時間(min)
1	T0202	穴あけ	φ50	100	（イ）	0.2	（ロ）	（ハ）
2	T0909	端面	φ45～φ140	－	120	0.2	（ニ）	（ホ）
		テーパ	φ140～φ200	－	120	0.2	（ヘ）	（ト）
		外径	φ200	（チ）	120	0.2	50	（リ）
切削時間合計								（ヌ）

語群

（イ）	14	16	18
（ロ）	54.0	68.43	69.02
（ハ）	2.70	3.42	3.45
（ニ）	45.0	47.5	95.0
（ホ）	0.42	0.58	0.63
（ヘ）	30.0	80.0	85.44
（ト）	1.81	1.84	1.91
（チ）	185	191	198
（リ）	1.25	1.31	1.36
（ヌ）	7.09	7.17	7.25

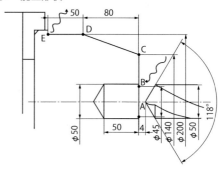

図1　加工形状

三角関数表

	59°	60°
sin	0.85717	0.86603
cos	0.51504	0.50000
tan	1.66428	1.73205

【 第**2**章 】

加工手順と
加工プログラムの作成

1 加工手順

加工手順とは

　加工図面が発行されてから製品が完成するまでのプロセスを加工手順といい、この加工手順の各段階における作業をマニュアル化しておくことによって、手順のミス、加工のミスを防ぎ、作業の標準化を図ることができます。

　簡単な形状の加工なら、加工図を見てすぐにプログラムを作成し、工具を準備して加工することは難しくありませんが、大抵の場合は形状が複雑な場合が多く、加工のプロセスは簡単でないのが一般的です。

　加工するという最終目的に対して単にプログラムを作成するのみでなく、図面をよく理解して加工順序を決定する、工具の特徴を知っておくなどプログラム作成以前にいろいろな知識が必要です。これらの知識を生かして適切な加工プロセスを考え、加工の準備作業を行い、プログラムを作成することによって加工ミスを少なくすることができます。この準備作業は生産技術課などの事務作業が主体になりますが、現場作業者においてもこれらの流れをしっかり頭に叩き込んで現場作業を実施することによって、その後の生産の流れをスムーズにし、無駄な時間を少なくし、より良い製品を的確に生産することができるのです。

　加工の準備作業とは、加工図面情報と素材情報に基づいてその部品を作り出すために、どの工具を使ってどこから加工するか、どのような治具が必要か、加工時間はどのくらい掛かるか、などをあらゆる情報から検討し、作業手順書を作成し、その情報に基づいてNCプログラムを作成し、加工に必要な段取りを行うことです。この段取りの時に得た情報と実際に加工した実績を蓄積しておくことにより、将来の加工情報として役に立ちます。

　加工手順の流れを**図2-1**に示します。

第2章 加工手順と加工プログラムの作成

図 2-1 | 加工手順の流れ

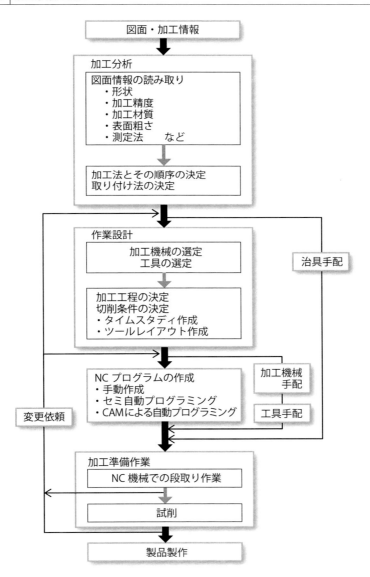

要点 ノート

新規に加工をするにはいろいろな準備が必要です。加工手順を確実に実行することによってデータが蓄積され、将来の加工データの資料となります。

【1】 加工手順

加工分析

　加工分析では図面情報から仕上げ形状と寸法、寸法精度、幾何精度、表面粗さなどを読み取り、その情報をもとにして加工方法、加工順序、素材の取り付け方などを決定します。加工方法や取り付け法などの検討により不足の工具があれば購入手配し、治具が必要であれば新規治具の手配が必要となります。

　図2-2に示す加工物の場合について加工分析してみましょう。素材は$\phi75×64$とします。

　この加工物は簡単な形状ですが、外径$\phi40$と$\phi57$は共にマイナス公差で面粗さは$Ra1.6$、長さ10はプラス公差になっています。さらに、外周にはM50×1.5の通しのねじ切りがあり、通しのねじにするための溝を加工します。

　NC旋盤加工では、一般的には削り代の大きい部分から荒加工を行い、余肉を均一にして素材のひずみを取るようにします。鍛造品や鋳造品など削り代のばらつきが大きい素材の場合、荒加工には特に注意が必要です。寸法精度、形状精度が厳しい部分の加工は、加工ひずみが影響しないよう加工工程の最後に入念に仕上げます。一般的な旋削加工の順序は図2-3のようになります。

　外径、内径仕上げ加工の前に行う溝加工は、ねじの逃げ溝やネッキングの代わりの溝のように精度を必要としない溝の加工であり、面粗さを必要とするOリング溝や長手寸法の厳しいスナップリング溝などは、工程の最後に加工した方が加工精度が安定します。中仕上げ加工は薄肉部品、焼き入れ部品など余肉を均等にするため、また焼き入れによる残留ひずみを除去するために行われます。ローラバニシング、リーマ加工時はその加工面に切屑がかみ込まないよう十分な注意が必要です。

図 2-2 | 加工物の例

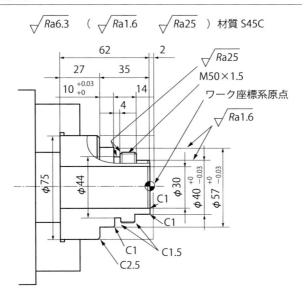

図 2-3 | 一般的な旋削加工の順序

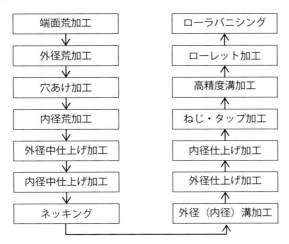

> **要点 ノート**
>
> 加工の要点は円周方向、長手方向ともに精度の厳しい部分をなるべく最後に加工することです。したがって、加工工程をいくつかに分割したり、精度を確保できる最適な治具を考える必要があります。

1 加工手順

作業設計

　作業設計とは、加工分析によって決定された機械ごとの作業区分に対する加工情報を作成することで、加工工程を決定し、それに基づいた工具を選定してツールレイアウト（**図2-4**）やタイムスタディ（**図2-5**）を作成し現場に対する作業の指示書を作ります。
　ツールレイアウトとは、加工に使用する工具を刃物台のどの位置に取り付けるかを示した配置図であり、また使用する工具の種類と加工順序を示していま

図2-4 ツールレイアウト例

部品番号	1111-33-444-00	部品名	アダプタ		NC旋盤ツールレイアウトシート	
プログラムNo.	O3000	使用機械	H社　ABC-123		材質	S45C φ75×64

加工順序／ツール配置

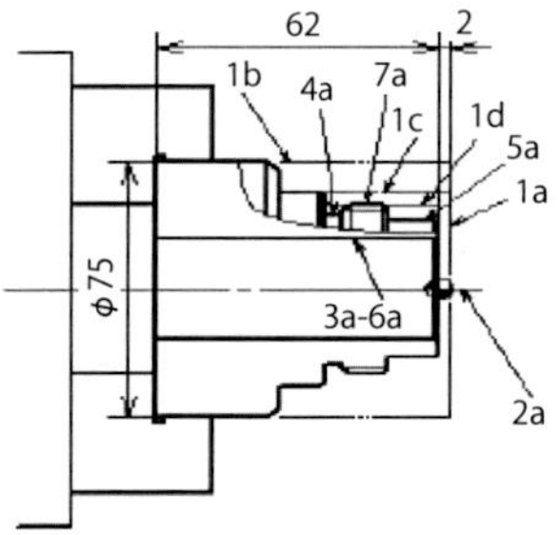

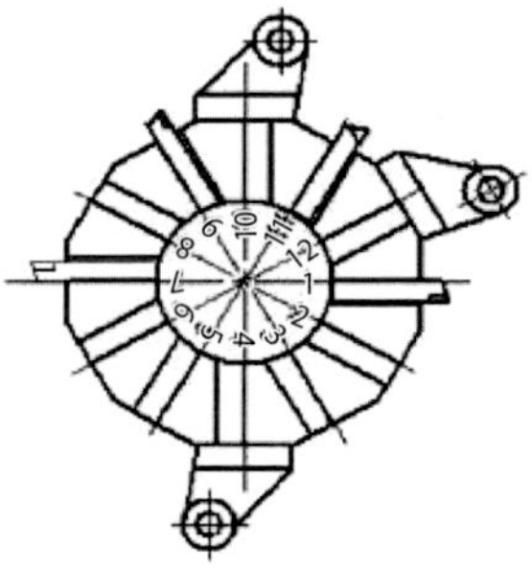

使用工具	T01	T03	T05	T07	T09	T11
	R0.8 PCLNR2525-43 CNMG120408N-GU AC820P			R0.8 DVJNR2525M16 VNMG160408 AC820P	LTER2525 TME150R T1500A	W3.0 R0.3 GWCR2525-35 TGAR4250 T3000Z
	T02	T04	T06	T08	T10	T12
		R0.8 S20Q-ECLCR09 SNMG090308N-UG AC820P			R0.8 S20N-SDQCR11 DCMT110308N-SU AC820P	φ25 WDX250D3S25 WDXT073506-G ACP300

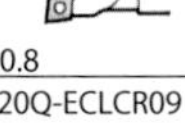

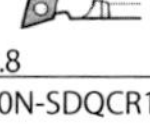

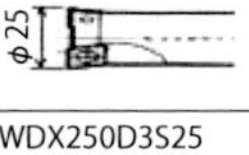

図 2-5 タイムスタディの例

順序	Tコード	作業区分	加工直径(mm)	切削条件 回転数(min⁻¹)	切削条件 切削速度(m/min)	切削条件 送り量(mm/rev)	切削長さ(mm)	切削時間(min)	ワーク把持	備考
1a	T0101	端面(荒)	80〜20	(800〜2000)	200	0.25	30	0.11		(エアカット2.5mm)
1b		外径(荒)	69	(920)	200	0.3	43.0	0.16		(エアカット2mm)
		外径(荒)	63	(1010)	200	0.3	43.0	0.15		(エアカット2mm)
		外径(荒)	57	(1120)	200	0.3	43.0	0.13		(エアカット2mm)
1c		外径(荒)	50	(1270)	200	0.3	30.5	0.08		(エアカット2mm)
1d		外径(荒)	45	(1410)	200	0.3	16.0	0.04		(エアカット2mm)
		外径(荒)	40	(1600)	200	0.3	16.0	0.04		(エアカット2mm)
2a	T1212	穴あけ	25	1270	(100)	0.12	67.0	0.44	3爪油圧チャック	(エアカット5mm)
3a	T0404	内径(荒)	30	2000	(200)	0.25	67.0	0.14		(エアカット5mm)
4a	T1111	外径溝	57〜44	(560〜720)	100	0.1	20.0	0.31		(エアカット3mm)
5a	T0707	端面(仕)	45〜28	(1630〜2000)	230	0.2	8.5	0.04		(エアカット2mm)
5b		外径(仕上)	40	(1830)	230	0.12	16.0	0.08		—
		外径(仕上)	50	(1460)	230	0.2	17.5	0.06		—
		外径(仕上)	57	(1285)	230	0.12	14.0	0.09		—
		端面(仕)	57〜80	(1285〜915)	230	0.2	11.5	0.06		(エアカット2.5mm)
6a	T1010	内径(仕上)	30	2000	(188)	0.2	67.0	0.17		(エアカット5mm)
7a	T0909	外径ねじ	50	760	(120)	1.5	15×10	0.14		(エアカット5×10mm)
							合計	2.24	承認 照査 作成	

全切削時間	2.24 min
各機能動作時間	0.63 min
取付・取外時間	0.1 min
サイクルタイム	2.97 min

付記　(1) 仕上代は0.2mmのこと
(2) 切削長さはエアカットを含む
(3) 切削時間は小数点以下第3位を切り上げ
(4) Max回転数 2000 min⁻¹

　す。この加工では7本の工具を使い、それぞれの工具を指定された刃物台のツールポストに取り付けます。工具の種類、チップの種類はこの図に従ってそろえることになります。自社にこれらの工具が無い時は新規に購入しなければなりません。

　この表にある1aや1b、1c…の記号は加工の順序を示す記号です。1の数字は1番目の加工ということで工具はT01、aはその工具の加工順序を表し、まずT01でaの部分を、次にb部分を加工するというように見ていきます。

　このツールレイアウトに基づいてタイムスタディを作成します。

　タイムスタディとは、それぞれの作業区分における加工に必要な切削条件を計画し、その結果として1個の加工に必要な時間（サイクルタイム）を算出して、その時間が適切か否かを検討する資料を作成するのが目的です。このサイクルタイムが短いほど単位時間当たりの加工個数が多くなるわけで、この時間

を利用して単位時間当たりの生産個数が算出され、日程計画に反映されます。

　この図はまた、NCプログラムを作成する時の基礎となりますので、この図を作成する時は、検討された切削条件はもちろんエアカット（実際に加工はしていないが、加工するために必要な移動距離）部分なども明記した方が正確な表を作ることができます。

　これらのことを考慮すると、図2-2の加工順序は次のようになります。

　端面荒加工→外径荒加工→穴あけ加工→内径荒加工→外径溝加工→端面仕上げ加工→外径仕上げ加工→内径仕上げ加工→ねじ切り加工

　生産計画を立案する時は、実際に加工する前にタイムスタディの作成によって切削時間を想定し、その想定された時間を基に生産計画を立てます。しかし検討された切削条件であっても、想定された切削時間と実際の切削時間との差が出るのが一般的ですが、その原因を検証し、タイムスタディの修正、改善を行って、将来の加工資料に役立てることが大切です。

　タイムスタディを図2-5のように作成します。

①順序：ツールレイアウトの加工順序に記載された1a、1b…と対応し、加工の順序を示します。例えば、1aはT01の工具でまず端面荒加工、1bは同じ工具で外径荒加工……というように表現します。

②Tコード：工具番号と工具補正番号を表します。

　［例］T0101……工具番号01、工具補正番号01を示します。

③作業区分：加工の種類や加工箇所などを記入します。

④加工直径：加工する直径を示します。エアカットの直径も記入しておくと計算が楽になります。

⑤切削条件：主軸回転数、切削速度、送り量を記入します。

⑥切削長さ：エアカットの部分（アプローチの長さ、加工後の逃げの長さなど）も含めた実際の切削長さを記入します。端面加工では大径から小径までの半径値、長手方向はそのままの長さ、**図2-6**のようなテーパを加工する時の切削長さは、斜面の長さにエアカットの長さを加えます。

⑦切削時間：切削長さ、主軸回転数、送り量から求めます（P64に詳述）。

⑧全切削時間：各作業区分の切削時間を集計した時間です。

⑨各機能動作時間：主軸の起動、停止時間や刃物台の旋回時間など加工していない時間などを集計した時間です。

⑩取り付け・取り外し時間：工作物の着脱時間です。作業者によってばらつきがあるので標準作業時間を記入します。

⑪サイクルタイム：上記⑧、⑨、⑩、の合計時間です。

　タイムスタディが出来上がると具体的な加工状況が明確になるので、使用す

る機械の決定、工具の手配ができるようになり具体的な行動が必要になります。以上の情報に基づいてNCプログラムを作成します。NCプログラムの作成は、工具経路や交点を手計算で求める手動プログラミング、対話型などの半自動プログラミング、CAMを利用した自動プログラミングの方法があります。

プログラムをNC装置に入力しただけではNC機械は動きません。プログラムを確実に動かすための加工段取り作業が必要です。加工段取り作業とは工具の取り付け、生爪の成形、ワーク座標系の設定、工具補正量の設定、工具経路のチェックなど加工に必要な作業を行うことで、主に現場作業となります。

段取り作業が終わると、試削の段階になります。プログラムのミスがなくとも段取りミスがあるかもしれないという緊張感をもって、実際に切屑を出して加工します。この段階で総合的な加工のチェックが行われますが、加工に不具合が発見された時は、工具を再選定したり、プログラムを修正するなどの作業が発生するので、速やかに対処しなければなりません。形状が出来上がった時点で、これから本加工のスタートです。これに満足することなく、常に改善努力が必要です。

図 2-6 切削長さ

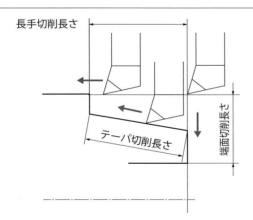

> **要点ノート**
> ツールレイアウトとタイムスタディの作成は準備作業の基礎になります。この形式にこだわらず、自社独自の形式で作成すれば、さらに具体的な準備作業になります。

1 加工手順

主軸回転数と切削速度

　部品の切削時間はできるだけ短く、しかも表面はきれいに…など厳しい要件が数多くあるため、切削速度や送り速度を極端に上げて加工している例が多く見られます。短時間の加工ではそれでも要件を満足しますが、多数の加工になると高速切削のため加工物の温度が上昇したり、工具の寿命が極端に短くなったりして結果として作業時間が増え、切削時間が長くなることがあります。適正な切削条件を見つけることはなかなか難しいことですが、スローアウェイチップを使用する場合、切削工具のカタログに図2-7のような切削条件表が記載されていますので参考にするといいでしょう。

　この図は、チップの材質はP種にアルミナコーティングされたAC820Pなど、ブレーカの形状がGU、MU形の切削条件を示しています。切削条件とは、切削速度、送り量、切込み量を決定することです。例えば、S45Cなどの中炭素鋼鋼材の一般切削にはGU形の材質AC820Pのチップを使用し、切削速度は150～230 m/min、送り量は0.2～0.5 mm/rev、切込み量は1.0～4.0 mm、が適切であることを示しています。さらに、高能率で加工するにはMU形のブレーカを使い、送り量は0.3～0.6 mm/rev、切込み量は2.0～6.0 mm、などと切削条件を上げることができることを示しています。

　しかし、この切削条件を決定するために使われた工具メーカー側の機械や工作物の把持方法などが明確でないため、これらの切削条件はあくまで参考値であって、実際の切削条件は自社の機械に照らし合わせ、試行錯誤して決定しなければなりません。切削を経験しないとその適正値を得るのが難しいものであり、プログラマといえども大いに加工の経験が必要です。

　NC旋盤のプログラムでは主軸の回転数を指令しなければなりません。回転数を決定する前に、図2-7の切削条件参考表やこれまでの経験値から加工物の材質や工具材質に応じた切削速度を選択し、その時の主軸回転数Nを知っておく必要があります。回転数Nは次式で求めます。

$$N = \frac{1000 \times V}{\pi \times D} \quad (\text{min}^{-1})$$
　　　　　　　　　　　　　　　　　　　　　　　　①

　　V：切削速度（m/min）、D：加工直径（mm）

[例] 直径30 mmのところを切削速度150 m/minで加工している時の回転数。

$$N = \frac{1000 \times 150}{3.14 \times 30} = 1592 \text{（min}^{-1}\text{）}$$

図 2-7 チップと切削条件例（イゲタロイ　カタログより引用）

メインブレーカ ネガティブタイプ

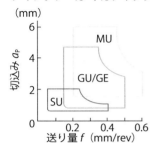

推奨切削条件

被削材	切削状態	ブレーカ	材種	切削条件		下限値－**推奨値**－上限値	
				切込みa_p(mm)	送り量f(mm/rev)	切削速度V_c(m/min)	
軟鋼	微小	FL	T2000Z	0.2-**0.6**-1.0	0.05-**0.15**-0.25	100-**250**-400	
	仕上	LU	AC810P	0.5-**1.0**-1.5	0.1-**0.25**-0.4	260-**340**-420	
	中	GU	AC820P	1.0-**2.5**-4.0	0.2-**0.35**-0.5	200-**205**-210	
	荒	MU	AC830P	2.0-**4.0**-6.0	0.3-**0.45**-0.6	140-**180**-220	
中鋼	微小	FL	T2000Z	0.2-**0.6**-1.0	0.05-**0.15**-0.25	100-**200**-300	
	仕上	LU	AC810P	0.5-**1.0**-1.5	0.1-**0.25**-0.4	210-**275**-340	
	中	GU	AC820P	1.0-**2.5**-4.0	0.2-**0.35**-0.5	150-**190**-230	
	荒	MU	AC830P	2.0-**4.0**-6.0	0.3-**0.45**-0.6	110-**135**-160	
硬鋼	微小	FL	T2000Z	0.2-**0.6**-1.0	0.05-**0.15**-0.25	50-**150**-250	
	仕上	LU	AC810P	0.5-**1.0**-1.5	0.1-**0.25**-0.4	170-**225**-280	
	中	GU	AC820P	1.0-**2.5**-4.0	0.2-**0.35**-0.5	130-**165**-200	
	荒	MU	AC830P	2.0-**4.0**-6.0	0.3-**0.45**-0.6	90-**120**-150	

要点 ノート

主軸回転数と切削速度の関係を習得してください。プログラムの中に切削速度を指令しただけでは、加工中の回転数が危険回転数になることがあるので、十分な注意が必要です。

1 加工手順

表面粗さと切削時間

❶表面粗さ

現在の表面粗さはRa(算術平均高さ)で表示されるのが一般的ですが、ここでの表面粗さの計算値は理論的最大高さ(R_{max})です。表面粗さは刃先Rと送り速度に関係があり、理論的な表面粗さR_{max}は次式で求められます。

$$R_{max} = \frac{f^2}{8 \times R} \times 1000 \ (\mu m) \quad ②$$

f:送り量(mm/rev)、R:刃先Rの大きさ(mm)

実際の表面粗さR_{max}は**図2-8**のような幾何学形状にはならず、最大高さの程度にもよりますが、計算値の1.5〜3倍程度と考えた方がいいでしょう。

[例]刃先R0.8、送り量fが0.15 mm/revの時の理論的最大高さ。

$$R_{max} = \frac{0.15^2}{8 \times 0.8} \times 1000 = 3.5 \ (\mu m)$$

❷切削時間を求める

①長手の切削時間:T

外径、内径をZ軸に沿って加工した時の切削時間Tは次式で求めます。

$$T = \frac{L}{f \times N} \ (\text{min}) \quad ③$$

L:切削長さ(空気削りも含む)(mm)
N:主軸回転数(min^{-1})
f:送り量(mm/rev)

図2-8 理論的最大高さ

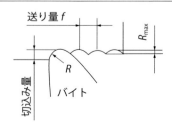

[例] 直径50 mm、長さ80 mmの外径を主軸回転数1000 min^{-1}、送り量0.2 mm/revで加工した時の切削時間T。

$$T = \frac{80}{1000 \times 0.2} = 0.4 \text{ (min)}$$

斜面の切削時間は、式③において斜面の長さを切削長さL、送り量fは斜面に沿って進む量（プログラム上の送り量）として求めます。

円弧の切削時間は、式③において円弧の長さを切削長さL、送り量fは円弧に沿って進む量（プログラム上の送り量）として求めます。

②端面の切削時間：T

(a) 端面を外周から中心に向かって、回転数一定で加工した時の切削時間Tは次式で求めます。

$$T = \frac{D - d}{2 \times f \times N} \text{ (min)} \qquad ④$$

 D：大径（mm）
 d：小径（mm）
 N：主軸回転数（min^{-1}）
 f：送り量（mm/rev）

端面加工の切削長さは半径値です。したがって、切削長さは$L = (D - d)/2$となるので長手の切削時間の式にこのLを代入すると、端面加工の切削時間が求まります。

[例] 直径100 mmから50 mmまでの端面を主軸回転数600 min^{-1}、送り量0.2 mm/revで加工した時の切削時間T。

$$T = \frac{100 - 50}{2 \times 600 \times 0.2} = 0.21 \text{ (min)}$$

(b) 周速一定制御機能を使って外径側から中心に向かって加工すると、回転数は次第に高くなって、最後には機械の最高回転数で回転します。その回転数で危険と思われる場合には、プログラムのG50の機能を使って最高回転数を制限して加工するのが普通です。

図2-9において直径Dからスタートし最後はD_0まで加工する場合、最高回転数をプログラムのG50　S＊＊＊；の指令で制限したためにDからD_1までは周速一定制御での加工、D_1より小さい直径部分は回転数一定制御で加工する場合の切削時間を求めてみます。

（イ）周速一定制御で加工する小径側の直径D_1を計算します。

図2-9 端面加工

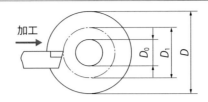

$$D_1 = \frac{1000 \times V}{\pi \times N} \quad (\text{mm}) \tag{5}$$

V：切削速度（m/min）

N：制限主軸最高回転数（min^{-1}）

（ロ）$D_1 < D_0$の場合の切削時間：T

この場合はDからD_1まで周速一定制御での加工になりますが、最終加工直径はD_0です。

$$T = \frac{\pi(D^2 - D_0^2)}{4 \times f \times V \times 1000} \quad (\text{min}) \tag{6}$$

（ハ）$D_0 = 0$または$D_1 > D_0$の場合の切削時間：T

この場合はD_1までは周速一定制御での加工、D_1からD_0の加工は回転数一定制御での加工になるので、それぞれの時間を加算します。

$$T = \frac{\pi(D^2 - D_1^2)}{4 \times f \times V \times 1000} + \frac{D_1 - D_0}{2 \times f \times N} \quad (\text{min}) \tag{7}$$

［例］周速一定200 m/minで直径100 mmからゼロまで送り量0.2 mm/revで加工する時、最高回転数を2000 min^{-1}に制限した場合の切削時間T。

- 周速一定制御で加工する直径 $D_1 = \dfrac{1000 \times 200}{3.14 \times 2000} = 31.8$（mm）

- $D_1 > D_0$だから $T = \dfrac{3.14\,(100^2 - 31.8^2)}{4 \times 0.2 \times 200 \times 1000} + \dfrac{31.8 - 0}{2 \times 0.2 \times 2000} = 0.22$（min）

③ねじ切りの切削時間（**図2-10**）

外径、内径の長手方向にねじを切る時の切削時間は、ねじ切りの1パス（工具経路）に切込み回数を掛け算して求めます。

前記長手の切削時間の式で、ねじのリードmmをfとし、それに切込み回数を掛け算すれば切削時間が求まります。ただし、ねじ切り各回の戻り時間を加える必要があります。

$$T = \frac{L}{f \times N} \times N_E \quad (\text{min}) \qquad ⑧$$

L：切削長さ（空気削りも含む）（mm）
N：主軸回転数（min^{-1}）
f：ねじのリード（mm）
N_E：切込み回数

④タップ加工の切削時間（図2-11）

　タップ加工では、往復の移動はねじ切りの速度で移動します。したがって、切削時間は長手の切削時間の2倍になります。

$$T = \frac{L}{f \times N} \times 2 \quad (\text{min}) \qquad ⑨$$

L：切削長さ（空気削りも含む）（mm）
N：主軸回転数（min^{-1}）
f：タップのピッチ（mm）

図2-10 ねじ切り加工

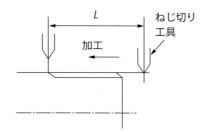

図2-11 タップ加工

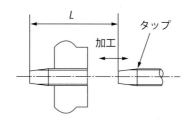

要点 ノート

切削時間の計算は加工方法により異なる計算式を使います。加工時間を求めることにより、サイクルタイムを得ることができます。これが日程管理に役立ちます。

2 加工プログラムの作成

準備機能：G

　一般にG機能（またはGコード）と言われ、下記のようにGに続く2桁または3桁のコードで工具の動きの区分、主軸の回転制御などを準備します。

　　G***
　　　└──── G＋2桁または3桁のコード

　準備機能についてはJIS（日本工業規格）で概略は定められていますが、現場で必要なGコードは**表2-1**のGコードです。準備機能にはワンショットGコードとモーダルGコードの2種類があります。

❶ワンショットGコード

　指令されたブロックにだけ有効なGコードを「ワンショットGコード」といいます。一度実行してしまうとその指令がNCメモリから消滅してしまうため、実行のその都度指令しなければならないGコードのことです。

　G04など00グループのGコードがワンショットGコードです。

❷モーダルGコード

　一度指令されると、同一グループのGコードが指令されない限りそのGコードの状態が保持されるGコードを「モーダルGコード」といいます。したがって、同一Gコードが連続して指令されるプログラムにおいては、最初の1回だけ指令しておけば次のブロックに同一Gコードを指令する必要はありません。

　［例］**表2-2**のプログラム例において、N102ブロックでG00（位置決めというGコード）、G54（ワーク座標系1選択）を指令していますが、以下のブロックには指令していません。N103ブロックにおいてX110.0、Z3.0へ移動しますが、この時の速さはN102で指令されたG00の早送りで移動します。つまりN102ブロックで指令されたG00がずっと後まで生きているのです。このようなGコードをモーダルといいます。

　またN104ブロックでZ-20.0に移動しますが、この時の速さは早送りではなく、G00からG01に切り替わり、送り量0.2 mm/revで移動します。

　同様にしてN105において、円弧補間でX120.0 Z－30.0へ移動しますが、この時送り量は0.1 mm/revに切り替わります。

　G54の機能は、G55～G59が指令されない限り、ずっと生きています。また

表2-2のように、グループが異なれば1ブロック内に複数のGコードを指令することができます。

［例］ N102　G97　G00　G54　G40　S500　T0100；

表2-1　主なG機能

グループ	Gコード	機能	グループ	Gコード	機能
01	G00	位置決め（早送り）	14	G54	ワーク座標系1選択
	G01	直線補間（切削送り）		G55	ワーク座標系2選択
	G02	円弧補間　CW		G56	ワーク座標系3選択
	G03	円弧補間　CCW		G57	ワーク座標系4選択
00	G04	ドウェル		G58	ワーク座標系5選択
	G10	データ設定		G59	ワーク座標系6選択
01	G32	ねじ切り	01	G90	外径、内径旋削サイクル
07	G40	刃先R補正キャンセル		G92	ねじ切りサイクル
	G41	刃先R補正左		G94	端面旋削サイクル
	G42	刃先R補正右	02	G96	周速一定制御
00	G50	座標系設定、主軸最高速度設定		G97	周速一定制御キャンセル

表2-2　プログラム例

```
;
;
N5   M01;
N100 （GAIKEI ARA）;
N101　G50　S2000;
N102　G97　G00　G54　G40　S500　T0100;
N103　X100.0　Z3.0　T0101　M03;
N104　G01　Z-20.0　F0.2;
N105　G02　X120.0　Z-30.0　R10.0　F0.1;
;
;
```

> **要点ノート**
> 準備機能にはこの表の他に多くの種類がありますが、最小限この表のGコードの種類と機能を覚えましょう。

2 加工プログラムの作成

補助機能：M

　一般にM機能（またはMコード）と言われ、下記のようにMに続く2桁または3桁のコードで、主軸モータを回転させたり、コンベアを起動または停止させたりするなど機械機能のON-OFF動作を行わせる機能です。

　　M***
　　　└──── M＋2桁または3桁のコード

　補助機能についてはJISで概略は定められていますが、機械の構成や仕様の違いなどにより機械メーカーによって異なる場合が多いので、実際の補助機能については機械メーカーの取扱説明書で理解することが必要です。
　主な補助機能例を**表2-3**に示します。
①プログラムストップ：M00
　プログラムの中にM00を指令すると、主軸も切削油剤の吐出も停止します。
②オプショナルストップ：M01
　「オプショナルストップ」のスイッチが操作盤上にあり、そのスイッチがONの時、このM01の指令でM00と同様機械が停止します。スイッチがOFFの時はこのM01は無視されます。
③エンドオブデータ：M30
　プログラムの最後に指令します。プログラムが終了し、機械が停止すると同時にプログラムが先頭に戻ります。
④主軸正転、逆転：M03、M04
　主軸の正転とはZ軸をプラス方向に見た時、時計方向に回転する方向です。逆転はその逆です。
⑤主軸低速、高速：M40、M41
　主軸の出力を維持するため、主軸の回転数を低速領域、高速領域に区別している機械があります。その場合は加工の負荷に応じて低速、高速のどちらかの領域を選択します。
⑥サブプログラム呼び出し：M98、エンドオブサブプログラム：M99
　メインプログラムからサブプログラムに移行する時は　M98　P2000；と指令します。サブプログラムからメインプログラムに戻る時は　M99；を指令し

ます（図2-12）。

表2-3 主なM機能

Mコード	機能	詳細
M00	プログラムストップ	運転中にM00を読み込み運転が停止する。主軸回転、クーラントも停止する。
M01	オプショナルストップ	機能はM00と同じ。操作盤のキーでM01を実行するか否かの選択ができる。
M03	主軸正転起動	主軸からZ+方向を見た時に、時計方向に回転するのを正回転という。主軸が正回転する。
M04	主軸逆転起動	主軸からZ+方向を見た時に、反時計方向に回転するのを逆回転という。主軸が逆回転する。
M05	主軸停止	主軸が停止する。
M08	クーラント起動	切削剤が吐出される。
M09	クーラント停止	切削剤の吐出が停止する。
M30	エンドオブデータ	プログラムの最後に指令する。プログラムの読み込みおよび主軸回転、クーラントも停止する。NC装置にリセットが掛かり、さらにメモリの先頭に戻す機能がある。通常エンドオブプログラムはM30を指令する。
M40	主軸低速回転域	主軸の低速領域を選択する。
M41	主軸高速回転域	主軸の高速領域を選択する。
M98	サブプログラム呼び出し	メインプログラムからサブプログラムへ移行する。
M99	エンドオブサブプログラム	サブプログラムからメインプログラムに復帰する。またメインプログラム中でジャンプ先を指定することができる。

図2-12 サブプログラム例

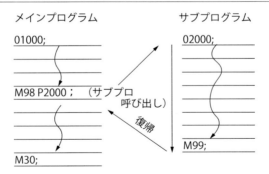

要点 ノート

この表はJISによる補助機能です。補助機能にはこれ以外に多くの種類がありますが、機械メーカーによって異なることがあります。機械メーカーの取扱説明書で確認してください。

《2 加工プログラムの作成

主軸機能：Sと送り機能：F

❶主軸機能：S

　一般にS機能といわれ、加工物の切削速度または回転数を指令します。主軸機能は準備機能（G機能）の種類によって、次のように異なる制御が行われます。

①G96モードでの主軸機能

　G96モードでの主軸機能は「周速一定制御ON」の機能です。周速一定制御とは、指令された切削速度を常に維持するよう主軸の回転数を制御することであり、Sの単位はm/minとなります。G96モードにおいては、刃先位置に応じて回転数が変化します。

　　［例］G96 S200；　……切削速度200 m/min

　　回転数の計算はP.62を参照してください。

②G97モードでの主軸機能

　G97モードでの主軸機能は「周速一定制御キャンセル」の機能です。Sで指定された数値は毎分当たりの回転数を示し、単位はmin^{-1}となります。ドリル加工や直径差の小さい加工時に多く使われます。

　　［例］G97　S1000；　……主軸回転数1000 min^{-1}

③G50モードでの主軸制御

　G50モードでの主軸機能は「主軸最高速度設定」の機能です。Sで指定された数値は、毎分当たりの最高回転数設定値を示します。

　　［例］G50　S2000；　……主軸の最高回転数を2000 min^{-1}に設定。

　周速一定制御での加工では、端面加工のように刃先の位置に応じて回転数が変化するので、この時の許容回転数を指令します。主軸が高速で回転すると遠心力で爪の把持力が低下するので、加工物が薄肉のためチャックの把持力を弱めた場合や異形物の把持力に不安があるような場合などでは、このG50の機能で最高回転数を制限した方が安全です。

❷送り機能：F

　工具の移動速さを「送り速度」といいます。一般にF機能といわれ、送り速度の指令はFに続けて送り量を指令します。

準備機能（G機能）により、主軸1回転当たりの送り量を表す場合と、1分間当たりの送り量で表す場合の2通りがあります。

①G98モードでの送り量

G98モードでは「毎分当たりの送り量」を示し、単位はmm/minです。主軸の回転数に関係なく、1分間当たりの送り量になります。

［例］毎分当たり100 mmで送る場合：G98　F100；

通常はフライス系（マシニングセンタを含む）の送り速度に使用され、通常のNC旋盤ではあまり使われません。

②G99モードでの送り速度

G99モードでは「主軸1回転当たりの送り量」を示し、単位はmm/revです。revは「回転（revolution）」の略です。

［例］主軸1回転当たり0.3 mm/revで送る場合：G99　F0.3；

NC旋盤では、通常この送り量が使用されます。

通常のNC旋盤では、電源を投入した時G99の状態になっているので、プログラム上特にG99を指令する必要はありません。

送り機能はモーダルであり、一度指令されると次に変更されない限り前の指令が有効となるので、送り量を変更する場合にFの指令を行います（図2-13）。

図2-13　送り量の指令

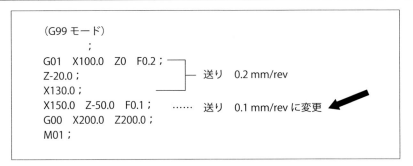

要点　ノート

主軸機能、送り機能は準備機能により内容が異なります。間違いのないよう十分理解してください。

❰2❱ 加工プログラムの作成

工具機能：T

　一般にT機能といわれ、工具の選択と工具の位置補正を行う機能です。工具刃先の強度を上げるため、チップの先端には図2-14のように丸みがあり、この丸みのことを刃先 R といっています。この刃先 R の接点A、BからX、Z軸に平行な接線を引いた時、その交点Pを仮想刃先点といい、この点が、プログラムで指令されるX、Zの座標値になって工具が移動します。補正される工具の位置は仮想刃先点Pです。

　Tに続く4桁の数値を指令し、前の2桁で工具を、後の2桁で工具補正番号を選択します。

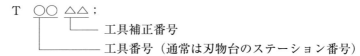

❶ 工具の呼出し

　例えば、取り付けられた数本の工具の中から01番の工具を加工位置に呼び出す時は、工具番号のみ指令し、工具補正番号は常にゼロとします。

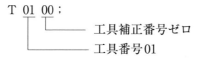

❷ 工具補正量を読み込む

　切削する工具に工具補正量を読み込ませる時、例えば、01番の工具に01番に登録されている工具補正量を読み込ませる時は、次のように指令します。読み込ませることによって刃先位置と座標値が一致するようになります。

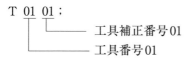

　加工に入る前に全ての工具補正量を求め、図2-15に示す工具補正欄に登録しておく必要があります。この例では工具補正番号001にX50.0 mm、Z0 mmの工具補正量が入っていることを示しています。

　図2-16において、A点に移動する時はG00　X90.0　Z20.0　T0101；のように指

令すると、X方向に50.0 mm、Z方向に0.0 mmの補正を行い、A点（X90.0 Z20.0）の正確な位置に移動します。Xの工具補正量は直径値で表します。

図 2-14 | 仮想刃先点

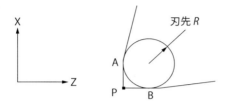

図 2-15 | 工具補正欄

Xに50.0 mm
Zに0 mmが
入っている例

工具補正				00001	N00000
番号	X軸	Z軸	半径	TIP	
001	50.000	0.000	0.000	0	
002	0.000	0.000	0.000	0	
003	0.000	0.000	0.000	0	
004	−10.000	60.000	0.000	0	
005	0.000	0.000	0.000	0	
006	0.000	0.000	0.000	0	
007	0.000	0.000	0.000	0	
008	0.000	0.000	0.000	0	
現在位置	（相対座標）				
U	0.000	W	0.000		

図 2-16 | 工具の移動

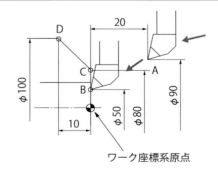

要点 ノート

工具機能は工具の呼び出しと工具補正量の取り込みがあります。次章のワーク座標系設定との関係が分かれば理解しやすいと思います。

2 加工プログラムの作成

工具の移動指令

❶工具の移動方式
　工具移動方式にはアブソリュート方式とインクレメンタル方式があります。
①アブソリュート方式（絶対値指令方式）
　アドレスX***、Z***で指令された座標値がアブソリュート指令となります。工具が移動する点は全てワーク座標系原点を基準にした座標値で、座標値は必ず工具移動の終点を指令します。Xの座標値は直径値です。
　図2-16においてCからDに移動する時は、X100.0 Z-10.0；と指令します。
②インクレメンタル方式（増分値方式）
　インクレメンタル方式とは、工具の移動位置が現在位置から見てどの方向にいくら移動させるかを指令します。アドレスXの代わりにU***、Zの代わりにW***で指令します。図2-16においてCからDに移動する時、U20.0 W-10.0と指令します。

❷基本的な移動指令
　基本的な移動指令にはG00、G01、G02、G03があります。
　現場においては、個々のプログラム数値よりも、NCプログラムの座標値を見て工具がどの方向にいくら移動するのかをイメージすることが大切です。
①位置決め：G00
　工具を加工物に近付けたり、加工物から離す時などに指令されます。
　　G00 X（U）**** Z（W）****；
　アブソリュート指令の場合XおよびZで指定された位置へ、またインクレメンタル指令の場合は、現在の刃先の位置からU、Wだけ離れた位置にX、Z軸それぞれの早送り速度で移動します。
　図2-16においてAからBに早送りで移動する時はG00 X50.0 Z0；と指令します。
②直線補間：G01
　直線補間とはX、Z点へ、あるいは現在の位置からU、Wだけ離れた点へ、指定された送り速度で工具を直線で移動させることをいいます。G01の指令と同時に送り量の指令も必要です。斜めの移動も直線補間に含まれます。

G01　X（U）＊＊＊　Z（W）＊＊＊　F＊＊＊；

　図2-16においてCからDに移動する時は、アブソリュート方式では　G01 X100.0　Z－10.0 F0.2；と指令します。この時の送り速度は主軸1回転当たり0.2 mmです。

③円弧補間：G02、G03

　円弧補間とは現在点（これを円弧の始点という）からX、ZまたはU、Wで示された点（これを円弧の終点という）までRを半径とする円弧、またはI（X方向）、K（Z方向）で示された点を円弧中心として円弧で移動することをいいます。送り量の指令も必要です。

$$\left\{\begin{array}{l}G02\\G03\end{array}\right\}X(U)\ast\ast\ast\ast\ast\ \ Z(W)\ast\ast\ast\ast\ast\left\{\begin{array}{l}R\ast\ast\ast\ast\\I\ast\ast\ast\ast\ \ K\ast\ast\ast\ast\end{array}\right\}F\ast\ast；$$

（イ）G02、G03で工具の旋回方向を決めます。

　　　G02：仮想軸（ここでは図2-17のY軸）のプラス側から工具を見た時、時計回りに旋回させる指令。略してCW。

　　　G03：反時計方向に旋回させる指令。略してCCW。

（ロ）X、ZまたはU、Wで円弧の終点位置を指令します。

（ハ）Rで円弧の半径またはI、Kで円弧の始点から見た円弧の中心位置を指令します。IとKはインクレメンタル値です。

　図2-17において、CからDに移動する時は　G03 X100.0　Z－10.0 R10.0 F0.2；または　G03 X100.0　Z－10.0 I0　K－10.0 R0.2；と指令します。

　通常円弧指令の半径はRを使った方が簡単です。

図2-17　円弧補間

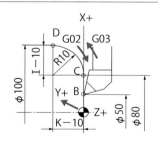

要点 ノート

工具の移動方式にはアブソリュート方式とインクレメンタル方式があり、それぞれアドレス（プログラム指令の時のアルファベット）が異なります。基本的な移動の準備機能を覚えましょう。

《2》加工プログラムの作成

刃先R補正

❶概要

チップの先端には**図2-18**のように丸みがあり、この丸みのことを刃先Rといい、仮想刃先点Pがプログラムで指令されるX、Zの座標値になって工具が移動します。工具がX方向、Z方向とも各軸に平行に移動する場合は仮想刃先点Pと切削点AまたはBが一致するので、加工物の形状を指令点としてプログラムしても工作物の形状に何ら問題はありませんが、テーパ加工や円弧加工においては、**図2-19**のC、D点など単に図面上の点をそのままプログラムしたのでは切れ刃はS、Tを通るので、刃先Rによって斜線部の削り残しができてしまいます。

この誤差を修正するためには、テーパ加工においては**図2-20**のように図形上のSでは$f_x/2$だけずれた位置C、図形上のTではf_zだけずれたDの位置を仮

図2-18	刃先R

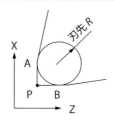

図2-19	テーパ加工（削り残し）

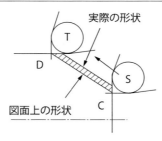

想刃先点Pが移動すれば良いことになります。円弧加工でも同じ不具合が起きるので、図形上の点より少しずれた点を指令しなくてはなりません。

このfx、fzを刃先R補正量といい、この補正量を自動的に計算して正確な加工ができるように、仮想刃先点Pを正しい位置に移動させる機能を刃先R補正機能といいます。

❷刃先R補正機能を実行させる条件

刃先R補正機能を実行させるためには、次の3つの条件が必要です。

①刃先Rの大きさの指定

刃先Rの大きさによって刃先R補正量fx、fzが異なるので、正確な刃先Rの大きさを指定しなければなりません。スローアウェイチップの場合、刃先Rの大きさはJISによって規定されているので、刃先Rの大きさをNC装置の工具補正欄に入力します（**図2-21**）。しかし、ろう付けバイトを研磨したような場合には、刃先Rを正確に研磨しないと正しいテーパや円弧に削れないので注意してください。

図2-20 テーパ加工（削り残しがない）

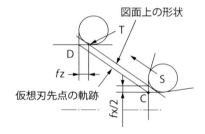

図2-21 工具補正画面

工具補正			00001	N00000
番号	X軸	Z軸	半径	TIP
001	0.000	10.000	0.000	0
002	0.000	0.000	0.000	0
003	0.000	0.000	0.000	0
004	10.000	4.000	0.800	3
005	0.000	0.000	0.000	0
006	0.000	0.000	0.000	0
007	0.000	0.000	0.000	0
008	0.000	0.000	0.000	0
現在位置	（相対座標）			
U	0.000	W	0.000	

刃先Rが0.8
仮想刃先点が3の例

| 図 2-22 | 刃先 R の番地 |

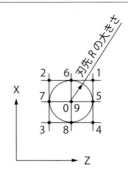

| 図 2-23 | 内径、外径工具の番地 |

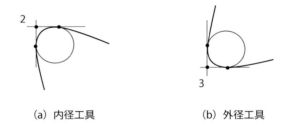

(a) 内径工具　　　　　　(b) 外径工具

② 仮想刃先点の番地

　刃先 R の部分に、図2-22のように仮想刃先点の番地を付けます。この番地はFANUCのNC装置で、座標系が図2-22の場合の番地を示しています。刃物台が主軸の中心より向こう側にある機械では、このような番地になります。0～9の番地があり、0および9が刃先 R の中心の番地、1～8が仮想刃先点の番地です。

　したがって図2-23（a）の内径工具の番地は2、（b）の外径工具は3となります。この番地を工具補正画面（図2-21）に入力しておきます。この例では工具補正番号004に刃先 R の大きさが0.8、番地が3を入力した例です。

　この刃先 R の大きさと番地は加工に入る前には必ず入力しておかなければなりません。

③ 刃先 R 補正機能を実行させる G 機能と T 機能を指令

　刃先 R 補正機能を実行させる G 機能は G40、G41、G42 です。この G 機能と T 機能が指令された時、刃先 R 補正が実行されます。

　G40の指令は刃先 R 補正機能キャンセルといい、仮想刃先点がプログラム経

路上を移動します。

　G41の指令では、刃先Rの中心が工具の進行方向に対し刃先Rの大きさだけ左側にずれた（これをオフセットという）経路を移動します。

　G42の指令では、刃先Rの中心が工具の進行方向に対し刃先Rの大きさだけ右側にずれた経路を移動します。

　これを図示すると**図2-24**のようになります。

　基本的な刃先の動きは以上のとおりですが、刃先R補正キャンセル（仮想刃先点移動）から刃先R補正の状態に切り替わる時、あるいは刃先R補正の状態から刃先R補正キャンセルの状態に切り替わる時は特殊な動きとなります。刃先R補正機能をよく熟知しないでプログラムを作成すると、思わぬところで不良品を作ってしまう可能性があります。したがって、プログラム中には、刃先R補正機能を最小限に指令するよう心掛けた方が安心です。刃先R補正機能の詳細およびプログラムの方法などについては、拙著「絵ときNC旋盤プログラミング基礎のきそ」（日刊工業新聞社）を参考にしていたければ幸いです。

図 2-24　刃先の移動

G機能	機能	図示
G40	刃先R補正キャンセル 仮想刃先点がプログラム経路上を移動	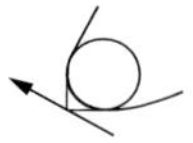
G41	工具進行方向の左側へオフセットして移動	
G42	工具進行方向の右側へオフセットして移動	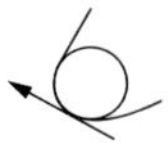

> **要点 ノート**
> 刃先R補正機能は刃先Rによる加工形状の誤差を自動的に修正する機能です。本書では概略の説明なので、プログラム作成時には他の参考書で改めて学習する必要があります。

2 加工プログラムの作成

ねじ切り

❶ねじ切り工具の選定
　ねじには三角ねじや台形ねじなどいろいろな種類がありますが、ここでは三角ねじについて説明します。
　ねじ切り加工には特殊な総形チップの切り工具を用います。総形チップなのでその形状が加工された形状にコピーされます。したがって第1章に述べたように、ねじ切り工具の選定には十分な検討が必要です。

❷ねじのリード
　ねじのリードとは旋盤加工における送り量のことです。
　リードについては前に述べましたが、ここで復習しましょう。
- ねじの山から隣り合う山までの距離をピッチ
- 主軸が1回転する間にねじ切り工具が進む距離をリード

といいます。ねじには「条数」という言葉が使われ、ピッチとリードが等しい時には「一条ねじ」、リードがピッチの2倍の時は「二条ねじ」といい、これらを総称して「多条ねじ」といいます。
　リードLとピッチPとの関係は次式になります。

　　　$L = P \times 条数$　　　　　　　　　　　　　　　　　　　　　　⑩

　リードの指令はアドレスFを用い、例えばリードが1.5 mmであれば、「F1.5」と指令します。通常は一条ねじが多いのでピッチとリードは等しくなりますが、多条ねじの場合はリードを計算して送り量を指令します。

❸不完全ねじ部
　普通の切削加工の送り量に対して、ねじ加工の送り量は非常に大きいのでねじ山を数回に分けて加工します。したがって正確なリードのねじを加工するためには、ねじ切りごとに主軸の回転と工具の送り量が完全に同期しなければなりません。サーボモータには必ずサーボの遅れがありますが、通常の加工ではその遅れは問題にされません。しかし、ねじ加工においてはねじ切り速度に到達してからねじを加工しないと、ねじ山にずれができてしまいます。したがって、ねじ切りの開始点ではねじ切り端からスタート点までの距離を十分取り、正確なリードの速さに達してからねじ切りを開始するようにプログラムしま

す。また終了点でも同様、完全にねじ切りを終了するようスローダウンの距離を含めて長目に加工します。

図2-25においてHはねじ長さ、δ_1を加速の距離、δ_2を減速の距離といいます。ねじ切りのプログラムを行う時はこの距離を考慮に入れなくてはなりません。

加速の距離δ_1、減速の距離δ_2は次式で求めますが、機械の大きさや加減速の時定数などにより異なるので、自社の取扱説明書で確認する必要があります。

$\delta_1 = k_1 \times N \times L$（mm） ⑪

$\delta_2 = k_2 \times N \times L$（mm） ⑫

k_1：加速時の定数；（参考；リードの許容差が0.01 mmの場合0.002）
k_2：減速時の定数；（参考：0.00055）
N：主軸回転数（min^{-1}）
L：ねじのリード（mm）

❹ねじ切りのプログラム

外径、内径にねじを切る時の指令にはG92の固定サイクルを使います。

G92 X*** Z*** F***；

の1ブロックの指令で図2-26のA→B→C→D→Aの動きを行い、この動きを数回繰り返してねじ切りを行います。

| 図2-25 | 加速、減速の距離 |

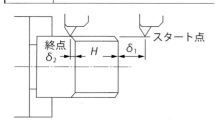

| 図2-26 | 固定サイクル |

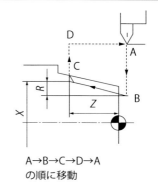

A→B→C→D→A
の順に移動

> **要点　ノート**
> ねじ切りを行う時は加速の距離と減速の距離を十分取るようにプログラムします。計算式より求めたδ_1とδ_2は最小値なので、通常はそれを数倍します。

コラム 2

● 設問 2 ●

図1は工具の先端に存在する仮想刃先点を示します。
刃先Rが5.0 mmのチップを用いて図2のP₀→P₁→……→P₅に移動させる時、仮想刃先点P₁〜P₅の座標値を求め、表1の（1）〜（8）に当てはまる最も近い座標値を表2から選びなさい。ただし、R30は円弧および直線に接しているものとします。またX座標値は直径値です。

図1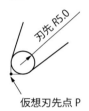

図2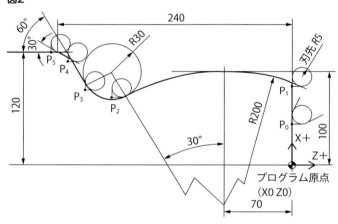

表1

[座標値]

	X座標値	Z座標値
P₁	(1)	0.000
P₂	(2)	(3)
P₃	(4)	(5)
P₄	(6)	(7)
P₅	240.000	(8)

表2

ア	172.235	イ	171.988	ウ	171.576	エ	145.468	オ	145.072	カ	144.814
キ	−177.160	ク	−177.500	ケ	−177.832	コ	162.863	サ	163.374	シ	163.612
ス	−211.651	セ	−210.867	ソ	−210.135	タ	222.871	チ	223.424	ツ	223.521
テ	−229.568	ト	−229.278	ナ	−228.826	ニ	−243.660	ヌ	−244.060	ネ	−244.439

【 第 **3** 章 】

加工の段取り作業と品質管理

1 加工の段取り

段取り作業の流れと工具取り付け

　NCプログラムを作成した後は、NCプログラムをNC機械に入力します。入力する方法に、操作盤のキーで入力する、パソコンなどの入力機器を使って入力する、などいろいろな方法がありますが、自社の入力方法に合わせて入力します。

　NCプログラムを入力しただけではNC機械は動きません。段取り作業の良否によってチャックと刃物台の干渉、ビビリの発生など、いろいろな面に影響しますので、入念な段取り作業が必要です。加工段取り作業とは図3-1のように工具の取り付けから始まって試削に至る作業をいい、主に現場作業となります。

　一般的に外径切削工具のシャンクは図3-2のように角形であり、外周削り用ベースホルダまたは刃物台に直接ボルト締めで固定されます。内径切削工具のシャンクは丸形であり、ボーリングバーと呼ばれています。このシャンクは図3-3のようにソケットを介して固定されます。

　外径切削工具を刃物台に固定する時は次の点に注意します。

① ベースホルダの方が先にチャックなどに衝突するのを防ぐため、ベースホルダのZ側端面より刃先の位置が外側になるよう取り付けます。
② シャンク背面とベースホルダとの隙間が無いよう取り付けます。シャンクがベースホルダの角の隅Rに当たらないよう工具シャンクの角を大きく面取りします。
③ ストッパがある場合はストッパに密着させます。

図 3-1 │ 段取り作業

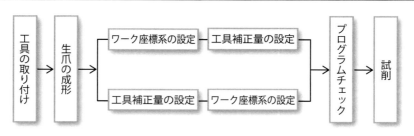

④ベースホルダからのシャンクの突出し量は、シャンクのたわみ量をできる限り抑えるためシャンク高さの1.5〜2倍以上出さないようにします。

内径切削工具をベースホルダに固定する時は次の点に注意します。
① ソケットを使う場合は、ソケットの穴とボーリングバーの外径およびソケットの外径とベースホルダの内径にガタが無いような組み合わせにします。
② ボーリングバーにはクランプボルト締め付け用の平坦部があるので、必ず平坦部に直角に当たるようシャンクの位置を調整しながらクランプボルトで締め付けます。
③ ボーリングバーの突出し長さはシャンク径の3倍以内に収めます。
④ ボーリングバーの後部がベースホルダから飛び出さないように取り付けます。

その他、数個の加工後、ホルダ、チップの増し締めを行い、緩みがないよう固定します。

図 3-2 外径工具

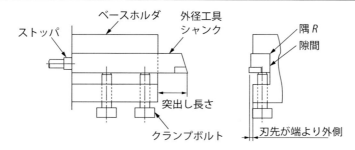

図 3-3 内径工具

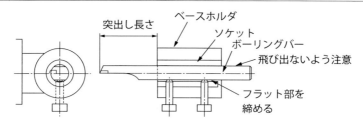

要点 ノート
工具の取り付けは加工中に緩まないよう十分気を配り、確実な作業が必要です。常に緩みのチェックを忘れないようにしましょう。

1 加工の段取り

生爪の成形

　NC旋盤に使われるチャックは、ほとんどが油圧や空圧、あるいは電動で作動するいわゆるパワーチャックといわれています。

　特殊な加工物の把持に2爪、4爪が使われることがありますが、一般的には、加工物の芯出しが容易な3爪連動式チャックが用いられています。素材の外径や鋳肌などを強力に把持する場合は硬爪（ハードジョー）やスパイク爪が使われますが、仕上げ加工の場合は生爪を成形して使うのが一般的です。

　生爪の成形作業時のポイントを説明します。

①生爪の材質は工作物よりも軟らかい材質を選びます。加工物が鋼材なら軟鋼を、軽合金や銅合金などには銅やアルミニウム、ナイロンなどの合成樹脂を選び、加工物に傷をつけないような形状に成形します。

②爪のセレーション部やチャックのセレーション部など、密着する部分にさび、ごみなどが無いよう十分洗浄します。

③3爪には芯金（外づかみチャック用）や成形リングを、加工物を把持する時と同じ力で締め付けて爪を成形します（図3-4）。

④加工物に接触する爪の部分は上仕上げにします。この面が粗いと爪の摩耗が速く、加工物に傷が付きやすくなります。

⑤爪と加工物との密着性を良くするため、爪のコーナには必ずネッキングを加工するよう習慣付けます（図3-5）。

図 3-4 | 成形リング

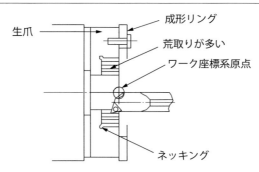

⑥加工物には爪の幅の中心が強く当たるように成形すると芯が出やすくなります。したがって外づかみの場合は加工物の外径寸法に対し爪の内径を僅かに大きく、内張りの場合は加工物の内径寸法に対し僅かに小さく成形して、爪の中心部が強く当たるようにします。

⑦爪とチャックはセレーションとジョーナットによって位置決めされているので、精度の再現性はある程度確保されますが、組み付けが悪いと大きい振れが出ます。基本的には生爪を取り付けたら必ず爪の成形を行います。

成形作業時に図3-6のような生爪成形リングを使うと作業が楽になり、段取り時間を短縮することができます。

現場での生爪の成形作業に、NCプログラムを利用する方法と手動操作による方法があります。

❶NCプログラムを利用する方法

図3-4のように荒取りが多い場合、またテーパの場合はNCプログラムを作成して加工した方が効率良く作業ができます。X方向の工具補正量が分かっている工具を使用し、ワーク座標系の原点を爪の端面に設定して加工します。

❷手動操作による方法

X方向の工具補正量が分かっている工具を使って成形します。

ネッキングの加工は三角チップを使って図3-5のように中心側から加工を始め、直径方向に刃先R以上の切込みがあれば十分です。

図3-5 簡易ネッキング　　図3-6 生爪成形リング

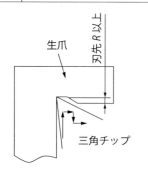

要点 ノート

生爪の成形作業は加工物の振れを小さくするため、また同心度を確保するために行われます。振れ精度、同芯度が確保できるような生爪成形の作業をマスターしましょう。

1 加工の段取り

工具補正量と
ワーク座標系を求める①

　NC旋盤では工具を動かすためにXとZの2つの座標軸があり、その座標軸の位置は次のように決められています。
①Z軸は主軸中心に平行に取り、その正の向きは主軸から工具を見る向きに取ります。実際には主軸の中心線をZ軸としています。
②X軸はZ軸に直交し、その正の向きは工具が主軸中心から遠ざかる向きに取ります。X軸の設定位置は、具体的には図3-7のように加工物の仕上がり前面にするのが一般的です。
　X軸とZ軸との交点をワーク座標系原点といい、この点の座標値はX0　Z0となります。プログラムの工具移動の座標点は全てこのワーク座標系原点を基準にして指令します。例えば図3-7において、P点の座標値はX80.0 Z－50.0となります。
　その他にもう1つの原点があり、これを機械原点といいます。機械原点の位

図 3-7 ワーク座標系と工具補正量

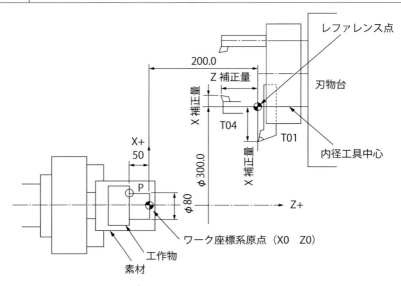

置はX、Z軸ともプラス端に設けられており、作業開始前に刃物台の原点復帰操作を行うとこの機械原点に移動します。この機械原点はワーク座標系原点の位置を決める基準となる点なので、いつも決まった位置に固定されています。

ワーク座標系設定とは、ワーク座標系原点の位置を機械上のどの位置に設定するかを決めることで、この位置は機械原点（レファレンス点）を基準にして決められます。通常NC機械の移動の出発点はレファレンス点から行われますが、この位置は機械原点と同じ位置に設定されている例が多いので、レファレンス点と機械原点は同じ位置として扱われています。

機械原点を基準とする座標系を機械座標系といい、図3-7において機械原点（レファレンス点）から右方向がZ軸プラス、上方向がX軸プラスとなります。

工具補正とは「プログラムの一部または全体に対して、制御方向と平行に工具位置をずらすために変位を与えること」と規定されており、2つの代表的な工具補正の考え方があります。工具補正量を求める前にワーク座標系の設定を完了しておくのが一般的ですが、最近のNC旋盤には図3-8のようなツールセッタといわれる工具補正量を簡単に求めることができる装置が標準装備されていることが多いので、従来の工具補正量の求め方とこの装置を使った求め方について説明します。

❶ワーク座標系を設定してから工具補正量を求める方法

図3-7はワーク座標系と工具補正量との関係を示します。ワーク座標系の原点から見たレファレンス点の位置を「ワークシフト量」として入力しておき（図3-9）、次に工具補正量を求めます。Xのワークシフト量は機械特有の数値

図3-8 | ツールセッタ

図 3-9 ワークシフト

ワークシフト		ワーク座標系			
00		G54		G55	
X	300.000	X	0.000	X	0.000
Z	200.000	Z	0.000	Z	0.000

表 3-1 工具補正表

		現在位置	実測値	工具補正量
T01	X	145.0	95.0	50.0
	Z	1.0	1.0	0
	;			
T04	X	35.0	45.0	－10.0
	Z	61.0	1.0	60.0
	;			

で、仕様書を参照して入力します。このXの値は加工物が変わっても変更しませんが、Zは加工物が変われば変更しなければなりません。Zのワークシフト量は次のように求めます。

①基準工具（ここではT01とします）を手動で割り出し、加工物の端面に軽く当てて端面を削ります。この時の工具の位置とレファレンス点との距離を、機械座標値から知ることができます。
②加工物の全長を測定して取り代を計算します。
③Zのワークシフト量は「工具のレファレンス点からの距離＋取り代」で求められます。例えば距離が199.0 mmで取り代が1.0 mmとすると、ワーク座標系のZは200.0 mmとなります。この値をワークシフトのZに入力します（図3-9）。

次に該当する工具（ここではT01とT04とします）の工具補正量を求めます。
①工具補正量を求める前に内径工具が入る程度の穴をあけます。
②工具補正表を作成します（**表3-1**）。
③T01を手動で呼び出し、加工物の端面に軽く当てます。取り代が1.0 mmなので、Zの現在位置は1.0 mmになります。この数値を補正表の現在位置の欄に記録します。
④X方向に逃がし、外径を軽く加工します。この時のXの現在位置を補正表に

記録します（例 φ145.0とします）。

⑤ T04の工具を呼び出し、T04の工具を加工物の端面に軽く当てて、その時のZの現在位置を補正表に記録します（例 61.0 mm）。

⑥ T04を中心側に逃がし、内径を軽く削ります。この時のXの現在位置を補正表に記録します（例 35.0 mm）。

⑦ 外径と内径を測定し、補正表の実測値の欄に記録します（例 外径φ95.0、内径φ45.0）。Zの実測値は1.0 mmです。

⑧ 「工具補正量＝現在位置－実測値」で求められます（表3-1）。この方法で全ての工具補正量を求め、工具補正欄に入力します（図3-10）。

実際の作業は全てボタン操作で行われ、面倒な計算を行わなくとも済む機械がほとんどです。

プログラムにはワーク座標系の設定は必要ありません。工具移動時、工具補正番号を指令すると自動的にワークシフト量と工具補正量が取り込まれ、工具はプログラム上の正しい位置に移動します。

図3-10 工具補正量

工具補正番号	X軸	Z軸	半径	TIP
001	50.000	0.000	0.000	0
002	0.000	0.000	0.000	0
003	0.000	0.000	0.000	0
004	−10.000	60.000	0.000	0
005	0.000	0.000	0.000	0
006	0.000	0.000	0.000	0
007	0.000	0.000	0.000	0
008	0.000	0.000	0.000	0

00001 N00000

現在位置 （相対座標）
U 0.000　　W 0.000

> **要点 ノート**
> 工具補正の本来の機能は、この説明のようにワーク座標系で設定された座標値に対する誤差を修正する機能です。工具補正量の求め方だけでなく、その理論も理解しましょう。

1 加工の段取り

工具補正量と
ワーク座標系を求める②

❶工具補正量を求めてからワーク座標系を設定する方法

　図3-8に示すツールセッタで工具補正量を求め、この工具補正量とG54～G59の中の1つのG機能でワーク座標系を設定します。

①T01の工具を手動で呼び出すと、図3-11の位置に呼び出されます。
②T01の刃物をツールセッタのb面に当てます。この時のZ方向の機械座標値がT01のZの工具補正量となります。
③さらにT01の刃先をa面に当てます。この時のX方向の機械座標値がT01のXの工具補正量となります。
④同様に、T04の工具を手動で呼び出し、b面、c面に当てると、この時のZ方向、X方向の機械座標値がT04の工具補正量となります。

　各工具が図3-11のような位置に割り出された時は、この方向によるX、Zの工具補正量は全てマイナスになります（図3-12）。

　次にレファレンス点を基準にしたワーク座標系原点の位置を指定します。

図3-11　工具補正量とワーク座標系

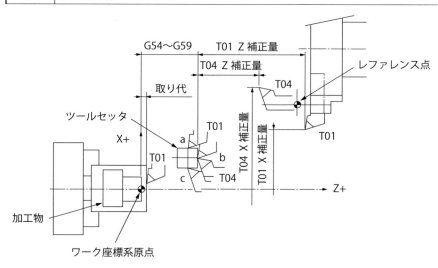

ワーク座標系にはG54を使うことにし、Zを求めます。
① ワークシフトのX、Zの値はともにゼロにしておきます（図3-13）。
② G54のワーク座標系の設定値（図3-13）のZの値もゼロにします。
③ T01を基準工具とした場合、MDI操作（手動データ入力操作）で「T0101；」を指令して工具を呼び出し、補正番号01の工具補正量を取り込みます。
④ T01の工具で加工物の端面を軽く削り、取り代を計算します。この時のZが－122.456とします。
⑤ 現在位置のZ座標値に更に取り代を引き算します。この値がG54のZの値になります。

取り代が1.0 mmとすると、Z＝－122.456－1.0＝－123.456（図3-14）。

NCプログラムの各工具のスタート時に、「G54　T0101；」のようにG54と工具補正番号を指令することによって、G54のZのワーク座標系設定値とT01のZの工具補正量が合算されてワーク座標系が設定されます。加工物が変わった時は、ワーク座標系のG54のZを変更します。

図3-12 | 工具補正量

工具補正番号	X軸	Z軸	半径	TIP
001	−345.678	−567.890	0.000	0
002	0.000	0.000	0.000	0
003	0.000	0.000	0.000	0
004	−550.700	−456.780	0.000	0
005	0.000	0.000	0.000	0
006	0.000	0.000	0.000	0
007	0.000	0.000	0.000	0
008	0.000	0.000	0.000	0

現在位置　（相対座標）
U　0.000　　W　0.000

図3-13 | ワーク座標系設定1

ワークシフト	ワーク座標系	
00	G54	G55
X　0.000	X　0.000	X　0.000
Z　0.000	Z　0.000	Z　0.000

図3-14 | ワーク座標系設定2

ワークシフト	ワーク座標系	
00	G54	G55
X　0.000	X　0.000	X　0.000
Z　0.000	Z　−123.456	Z　0.000

> **要点　ノート**
>
> 加工を始める前には必ずワーク座標系設定と工具補正量の設定が必要です。本書の他にもいろいろな方法があるので、自社の設定方法をしっかりマスターしましょう。

1 加工の段取り

プログラムチェックと試削

　加工の前準備が終了して加工に入りますが、加工の前に、プログラムされた機械のおおよその動作、工具経路などを理解してから実際の機械の動きをチェックします。
①素材の材質、寸法などをチェックし、素材の寸法が極端に異なる場合は、衝突の危険性があるので、その素材を除外します。
②ワーク座標系設定は正しいか、工具補正量に間違いはないか確認します。
③刃物台のインデックス点の位置は問題ないことを確認します。
④工具や刃物台が治具やチャック、心押台などと干渉しないか確認します。
⑤工具の取り付けが勝手違いになっていないこと、またチップの刃先Rの大きさが指定どおりであること、工具の突出し長さが指定どおりであることなどを確認します。
⑥加工物をチャッキングしてプログラム上の最高回転数以上で回転させ、加工物が動かないことを確認します。この場合、回転数を低速から1段ずつ上昇させ、上昇ごとに数分間回転させることが大事です。主軸を停止し、加工物にダイヤルを当てて振れを測定すれば、動いたかどうかの確認ができます。
⑦その他、機械の機能が満足していることを確認します。

　他人が作成したプログラム内容を現場でチェックすることはかなり難しいことなので、事前に工具移動のシミュレーションやグラフィック機能などでチェックするのが望ましいのですが、それができない場合は機上でチェックしなければなりません。
　2段階で機械の動きをチェックします。

❶空運転による動きのチェック

　工具移動のチェックの時には加工物をチャッキングして行った方が、工具の動きのイメージがわきます。プログラム中の座標値をチェックする時に、実際に機械を動かす場合は「プログラムチェック」機能（図3-15）を使います。刃物台の移動速度が送りオーバライドの速度になるので、速度を手動で変えることができます。ワーク座標系のZを加工物よりずらして工具を動かし、心押台と刃物台などの干渉をチェックします。

この場合の操作としては、図3-16に示す「シングルブロック」スイッチをONし、起動ボタンで1ブロックずつ慎重にプログラムを実行します。異常が起きた時には即座に機械を停止して、その異常の原因を突き止めなければなりません。原因を解消し再びプログラムのチェックを行います。

❷試削によるチェック

上記のチェックで問題が無ければ実際に加工してみます。

まずプログラムの中で最もチャックに接近する工具を、手動で接近させ、チャックと衝突しないことを確認します。

また、加工物へのアプローチ位置を各工具ごとに概略スケールで測定すると安心です。その結果が良好ならば次のブロックに進むようにします（図3-17）。

実際に切屑を出すので「シングルブロック」で慎重に加工し、切屑の様子、異音、工具とチャックとの干渉などをチェックします。

工具の移動時、「X、Zの残移動量」が画面に表示されるので、次の刃先の移動位置を推測することができます。不良品にならないよう最初は工具補正量を変更して加工し、外径、内径などを正確に測定し、図面寸法になるよう工具補正量を訂正して仕上げ加工を行います。また加工の様子に不具合があれば、プログラムの変更、工具の変更などが必要となります。

| 図 3-15 | プログラムチェック |

| 図 3-16 | シングルブロック | | 図 3-17 | アプローチの確認 |

 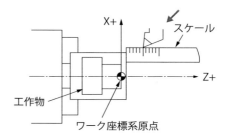

要点 ノート

試削の時には何が起きるか予測できません。異常が発生した時はすぐに機械を停止できるよう万全の態勢で、慎重な作業が大切です。

2 品質管理の手法

品質とは何か

　工場のスローガンに「品質の向上」とか「良い品質を造り込む」など、品質に関する理念がよく掲示されていますが、図面寸法から外れていなければ良い品質であるという漠然とした感覚で捉えられていることはないだろうか。
　JISでは品質を次のように定義しています。
　品質とは「対象に本来備わっている特性（これを品質特性という）の集まりが要求項目を満たす程度」となっています。
　このように、JISの"品質"は非常に抽象的な表現ですが、これを一般の製造部門の範囲に当てはめてみると次のようになります。
　品質とは「加工部品単体、あるいは各種部品の集積としての構造物などに存在している物理的、感覚的特性が明示されている、または了解されている期待を満たす程度」といえるでしょう。
　品質には3つの段階があります（図3-18）。

❶第1段階：真の品質
　製品の構想、設計によって具体的な形状に表現されると、必要な素材からいろいろな過程を経て部品、付属品などが製造され、それらが図面に指示された内容に従って組み立てられ、製品が完成します。その製品が市場や顧客に供給されますが、顧客の意図していた機能やサービスが満たされる品質を真の品質といいます。

❷第2段階：設計品質
　真の品質を満足するように設計段階で機能・構成、原価、製造方法を検討し、具体的に図面や仕様書に表現される品質をいい、狙いの品質ともいわれます。

❸第3段階：適合品質
　設計品質で定められた品質特性を満足するよう生産された実際の製品をいい、出来栄えの品質といわれます。つまり、設計図あるいは部品図には設計品質を逸脱しない範囲で、寸法や形状にばらつきなどに出来栄えの品質を認めています。したがって実際の製造部品は、同一図番の部品であっても全く同一寸法とは限りません。

このことから、ばらつきの範囲内に収めるよう、狙いを定めて製品を作ることが重要です。

このように品質にはいろいろな段階がありますが、生産現場で必要な段階は適合品質であり、この品質をいかにして忠実に守り維持することができるかが現場の重要課題となります。

これらの活動を維持する組織的活動にQC（Quality Control）活動があります。QCとは顧客（次工程も顧客とみる）が満足する製品を経済的に作り出すことですが、具体的には

① 製品の欠点（不良品）を下流に流さない。
② 製品の欠点（不良品）の発生を防止する。
③ 製品のばらつきや欠陥をあらかじめ予測して予防する方法を考え、ばらつきや欠陥を少なくする。
④ 類似の製品や作業プロセスにおいて欠陥が再発しないよう対策を立てる。

ことです。その目的のために全員参加のQC活動とし、統計学などの科学的な手法を用い、管理のプロセスである計画（Plan）、実行（Do）、結果の点検（Check）、必要な行動（Action）のサイクルを継続的に実行することによって、品質の向上を図ります。

図 3-18　品質の3段階

生産現場では適合品質を忠実に守り、維持することが重要です。

要点 ノート

品質には3つの段階があります。現場の品質は適合品質であり、製品のばらつきを極力少なくするよう心掛けます。

2 品質管理の手法

検　査

　現場においては検査と測定が同一の内容と思われていることが多いのですが、JISでは、検査とは「適切な測定、試験またはゲージ合わせを伴った観測及び判定による適合性評価」とされ、そのためには「製品の特性を何らかの方法で測定、試験した結果を判定基準と比較し、個々の品質の良否、またはロットの合否を判定すること」です。

　ここで重要なのが測定技術の優劣です。実際の検査としては、めったに不良品の発生は無いが、その不良品の発生が人体に大きな危害を与えるような製品は全数検査という処置が取られます。また従来からの経験により製品をランダムに抜き取って、統計的に不良品の発生する確率が、不良品判定の基準に満たない場合には良品と判定するという抜き取り検査の処置が行われています。しかし、一般的には下記のように、段取りを変えた、設計変更されたなど、連続加工が中断された時には検査が実施されます。検査、測定のプロセスを図3-19に示します。

❶初物の検査
　製造初期の段階における製品の検査です。新設計や製造工程の変更直後の生産は、治工具の不備や設備能力が不足している場合が多く、出来上がった製品に不安があるのが一般的です。また外部から調達した素材の材質や半完成品の精度など不明な点が多くあるので、それに対する能力が十分でない時は作業に不安が残ります。そのため要所を丁寧に測定し、その結果を判定する必要があります。

　最初の1個だけの検査ではなく、連続生産に入ったらその初品も検査した方が望ましいといえます。

❷製品の数が少なく、頻繁に段取り替えを行う場合
　段取り替えは治具、工具の変更、NC機械であればプログラムの変更、工具補正量の変更などいろいろな作業を行います。今まで何回も同部品の加工を経験しているとはいっても新たに段取りを行うとやはり間違い、勘違いが発生しやすいものです。このような誤操作、誤動作による不良を発見するために検査が必要になります。

❸不良品が人体、環境に大きな被害を及ぼす場合

例えば自動車のブレーキ部品のようにその部品が不良品であったために人身事故を起こす、また有害ガスが漏れて人体に被害を及ぼす部品など、他に悪い影響を与える部品は入念な検査が必要です。

❹ロットの最終部品

最終部品の検査は必ず必要というものではありませんが、最終部品の検査を実施して良品が確認されれば、今までの生産は良品であるという確信が持てます。確認の検査は行った方が、より高い信頼性を得ることができます。

図 3-19　検査、測定のプロセス

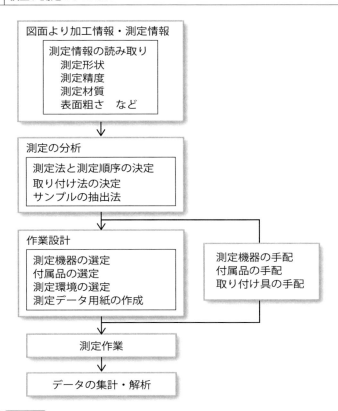

要点　ノート

検査と測定が同じ内容と思われがちですが、測定とは測定機器を用いて長さや重さなど製品の特性を測ることをいい、検査とは測定されたデータを判定基準と比較して品質の良否を判定することです。

2　品質管理の手法

測　定

　測定とは「質量、長さ、もしくは時間のような"基本量"、または速度（長さ／時間）のような"組立量"の値を決定する目的を持つ一連の作業」と定義されており、製品の特性（長さや質量など）を、その特性を決定するための適合する測定機器を用いて、決定する作業をいいます。要するに、ノギスなどの機器を使って寸法などを測ることです。検査、測定のプロセスを図3-19に示しました。

❶図面の内容を詳細に解読し、加工情報、測定情報を理解する

　物を作る基本の情報は図面であり、図面にはある規則に従っていろいろな情報が詰め込まれています。測定の情報に限っていえば、直径や長さの寸法、丸形や四角形、ねじなどの形状表示、サイズ公差、表面粗さなどがいろいろな記号で表現されていますが、基本的な図面の見方やそれらの記号の正確な内容をまず理解する必要があります。

　図面の基本的な表現はJISに定められていますが、自社独自の表現を特別に用いている図面も少なくないので、それらも併せて理解しておかなくてはなりません。

❷測定の分析

　図面から部品の寸法、精度などの詳細が得られたら、それらの測定値が確実に満足されるような測定の方法と測定の順序を検討します。例えば測定方法の検討では、サイズが100±0.01の寸法測定はノギスではなく0.01 mm単位のマイクロメータを用いて測定するなど、測定機器を選択するうえでもこの検討は重要です。測定機器が自社にない時は他社に依頼する、あるいは測定機器を購入するなどが必要になります。取り付け方法の決定とは、被測定物をどのように固定するか、どのような取り付け治具にするかなどの検討のことです。被測定物を固定する治具を新規に作成するのであれば、外部に手配するか自社で作成することになります。

　さらにこの段階で必要な作業は測定サンプルの抽出法です。つまり、検査は全数検査か抜き取り検査かを決定することです。

全数検査とは読んで字のごとく、1個残らず測定し、良品と不良品とに分ける検査をいい、抜き取り検査とは製品の集まりであるロットから一部の製品を抜き出して測定し、その結果をあらかじめ定められた判定基準と比べて、そのロット全体を合格にするか、不合格にするかを決める検査のやり方をいいます。全数検査、抜き取り検査についてはP.106を参照してください。

❸作業設計

　測定の分析が終わったらその分析結果に基づいて、まず測定結果を記入する用紙を作成します。さらに測定機器の選定を行い、その付属品も用意します。ここでの測定環境とは、温度・湿度管理や清浄度などの良好な環境に設置されている3次元測定機やレーザ測長機などの精密測定器を使って測定しなければならないのか、または照度の高い環境で測定するべきかなどの測定環境をいい、これを十分考慮しないと測定精度が不適合になることがあるので、注意しなければなりません。

❹測定作業

　この段階は現場作業者が担当する作業で、いろいろな技術・技能が必要になります。

①図面の内容を詳細に理解すること

　図面は設計部門から配布され、または測定者には担当加工工程に必要な工程寸法図が配布されますが、記入されている記号や公差などの知識を得るには図学を学ばなければなりません。これらの知識は加工、生産作業以前の知識として習得しておく必要があります。

②測定方法の選択

　測定は長さ、角度、ねじなどの形状、真円度や円筒度などの幾何公差など、いろいろな形状を測定しなければなりません。作業現場での測定はほとんどが長さの測定であり、スコヤなど測定用模範があれば形状測定も可能ですが、長さ以外の測定は3次元測定器による位置の測定やタリロンドによる真円度測定など特別な精密測定になりますので、一般に恒温室での測定になります。これらの特別な測定に関しては「測定の分析」の段階で決められるべきもので、検査員の指示を待ちます。もちろん測定方法は一方法だけとは限りません。最適な測定機器と最適な測定方法を考えなければなりません。

③測定機器の選択

　長さの測定は長さ測定器、円弧の測定は形状測定機、ねじの有効径測定にはねじマイクロメータなど測定器の機能が決められているので、測定個所に最適な測定機器を選択します。

④測定機器による測定とその取り扱い

同じ製品を測定するごとに測定値が異なるようでは、測定値に信頼性を持つことができません。測定機器による測定は測定機器の特性を十分に理解して、正確に測定できるよう訓練しなければなりません。

現場でよく使われる測定機器の取り扱いには十分な注意が必要です。

(a) 長さ測定機器は、最低1年に一度はキャリブレーション（校正）を行い、機器の信頼性を保つようにしなければなりません。

(b) 測定機器は20℃の環境温度で管理されているので、マイクロメータのフレーム部分を直接握ると温度が上昇し、フレームが数μmから十数μm伸びます。手袋をはめるか防熱カバーの部分を軽く支えて測定します。

(c) 測定機器と測定物をよく室温になじませてから測定します。

(d) マクロメータのスピンドルを測定物に強く押しすぎる、またノギスの外側あるいは内側ジョーを測定物に押しすぎるとアッベの原理によって測定値が異なります。できるだけ正確な測定値を得るためには、マイクロメータのスピンドルを測定物に当てる時はラチェット機能を用いて一定の圧力で押し付ける、またノギスのジョーは軽く測定物に当てるようにします。

　　アッベの原理とは「被測定物と標準尺（マイクロメータの場合はスピンドル）とは、測定方向において、一直線状に配置しなければならない」ということです。図3-20においてマイクロメータの目盛の軸（この場合はマイクロメータのスピンドルの目盛の軸）が測定子と離れている（この場合R）と測定子が傾くため誤差（ε）が生じるので、測定子と目盛軸は一直線上になければならないということですが、マイクロメータなどはそのような構造ではないため、ラチェットを使えば正確な測定ができるということです。

(e) マイクロメータ、ノギスのメモリを読む時は図3-21のように目盛を真正面から読み取ります。

(f) 測定機器をぶつけたり落としたりしないよう注意しましょう。衝撃を与えたと思われる時は、衝撃個所を入念にチェックし、不良品と判定されたら絶対に使用しないことです。

(g) 常時、測定機器は清潔に保ち、測定面や目盛面が汚れたら清潔な布でふき取るようにします。

(h) 保管上の注意
- 測定機器は直射日光の当たらない場所、湿気が少なく、風通しの良い場所、ほこりの少ない場所に保管します。
- 床においてはいけません。

- 測定面は0.1～1mm開いて保管します。測定面を密着させてはいけません。
- 保管時はクランプしてはいけません。

❺データの集計・解析

　測定表に書き込まれた測定結果は検査係、あるいは品質管理係に渡され、良否の判定が行われます。全数検査の場合は、測定値が指定された数値から外れていれば即不良品として後工程には流れないようにできますが、抜き取り検査で不良個所があれば、不良ロットの製品を全数測定して不良品のみを除外するなどの方法が取られことがあります。さらに、いろいろな統計的手法を用いて種々の管理図を作成し、不良個所、不良頻度、不良の原因などの関連性を解明し、不良撲滅の改善策を提案して再発防止に努めます。

図 3-20　アッベの原理

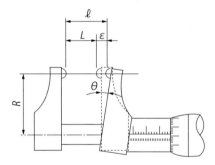

図 3-21　読み取りは正面から

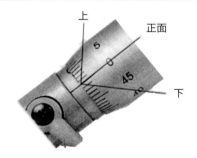

> **要点 ノート**
> 検査と測定とは大いに関係がありますが、現場で必要な作業は測定作業です。測定するにはまず図面を正確に読み取ることです。正確な測定値が得られる測定技術を身に着けましょう。

2 品質管理の手法

全数検査と抜き取り検査

❶全数検査と抜き取り検査の判断

検査には**図3-22**のように全数検査と抜き取り検査があります。

全数検査とは、製品を1個残らず測定し、良品と不良品とに区別する検査をいいますが、確実な反面、人手が掛かるという欠点があります。抜き取り検査とは製品の集まりであるロットから一部の製品を抜き取って測定し、その結果をあらかじめ定めてある判定基準と比較して、そのロット全体の合否を判定する検査です。本当に知りたいデータは母集団全体のデータですが、無限個のデータを測定するのは実際上困難なので、標本を抽出することで元の母集団の状態を確率的に推測するわけです。測定されるべき部品全体の大きな集団を母集団（population）といい、母集団からある基準に従って抜き取られ、実際に測定される部品を標本（sample）といいます。標本を抽出することをサンプリング（sampling）といいます。

①全数検査
　（a）検査対象が少なくて、全数検査を行っても多くの工数が掛からないもの
　（b）特性を測定するのに破壊検査を必要としないもの
　（c）検査項目が少なくて、検査に要する時間、費用よりも検査の効果を重点とするもの
　（d）例えばブレーキの作動部品など、不良品が混入することにより、人体に危険を及ぼすおそれがあると予想されるもの

②抜き取り検査
　（a）その製品の製造工程が安定していて、全体的にばらつきの少ない製品であるという保証があるもの
　（b）検査対象が多量で、全数検査では多くの工数が掛かるもの
　（c）石炭、薬品、線材のように製品が連続体のもの
　（d）破壊検査をしなければその特性を測定できないもの

❷抜き取り検査の留意点

①検査対象がロットごとに処理されるため、ロットの区別を明確にしておかなければなりません。不良品が発生したらそのロットの全製品をチェックする

ようになるので、ロットの区別は重要です。
②合格ロットの中にもある程度の確率で不良品が混入していることを認識しなければなりません。
③誰が合否の判定をしたとしても、その結果が変わらないように判定基準を明確にしなければなりません。
④検査サンプルが意図的に選択されることのないよう、乱数表を用いてランダムに選定します。
⑤検査サンプルは連続して生産されたものであること。同じ製品であっても製造日時が異なったり、製造機械が異なったりする製品を一緒のロットにしてはなりません。

図 3-22 検査の手順

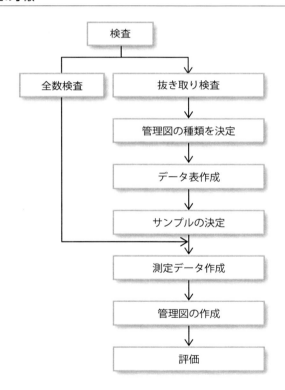

要点 ノート

検査には全数検査と抜き取り検査があります。それぞれの検査の違いと留意点を覚えましょう。

2 品質管理の手法

管理手法と計算記号

　品質の変動性を判定する目安として、図3-23に示す管理図があります。
　全数検査や抜き取り検査によって収集されたデータは単に数値の羅列であって、これらを単に眺めているだけでは、データに隠されている特徴や結果を生み出している原因を見いだすことはできません。特徴を見いだすためには、データを収集した後でそれらのデータを、特徴の発見できるような形に要約しなければなりません。
　データ内容の状態を要約する方法には、図3-23のように、「図によるまとめ」と「量によるまとめ」があります。「図によるまとめ」には、パレート図やヒストグラムなどの1つの変数だけで表す図と、散布図のように2つの変数で表す図があります。また「量によるまとめ」には、平均値のように中心値で表すまとめと平方和、標準偏差などのようにばらつきで表す図があります。これら状態管理図は特徴や結果の状態を静的に表示しているだけであり、その状態は全体としてどの程度ばらついているかを表現しているにすぎません。
　これらの静的な状態管理に対して、データに時間の要素を取り込んで、時間的変化を解析する図を統計的管理図といいます。管理に用いられているデータにはデータを「量」で管理する計量値の管理、「数」で管理する計数値の管理があります。
　管理手法の計算にはいろいろな記号が使われます。

図3-23 品質管理手法の管理図

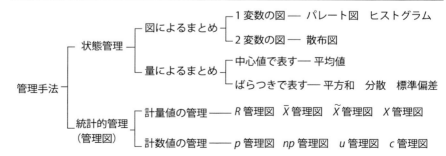

① Σ

シグマと読みます。シグマはある範囲からある範囲までの値を合計するという記号で、シグマは次のように表現されます。

$$P = \sum_{i=1}^{n} X_i = X_1 + X_2 + \cdots\cdots + X_n \qquad \text{①（基本式）}$$

n個のデータ数があり、$i=1$から$i=n$までのXの値を合計した値をPとすることを表しています。

[Σを用いた公式] 統計学ではΣの式が多く用いられます。

(a) $\sum_{i=1}^{n} aX_i = aX_1 + aX_2 + aX_3 + \cdots\cdots + aXn$

$\qquad = a\sum_{i=1}^{n} X_i \qquad\qquad\qquad\qquad\qquad ②$

(b) $\sum_{i=1}^{n} (X_i - Y_i) = (X_1 - Y_1) + (X_2 - Y_2) + \cdots\cdots + (X_n - Y_n)$

$\qquad = \sum_{i=1}^{n} X_i - \sum_{i=1}^{n} Y_i \qquad\qquad\qquad ③$

(c) $\sum_{i=1}^{n} (X_i - Y_i)^2 = (X_1 - Y_1)^2 + (X_2 - Y_2)^2 + \cdots\cdots + (X_n - Y_n)^2 \quad ④$

Σの変数のiが1からnまでを表す時には、正式には$P = \sum_{i=1}^{n} X_i$と表しますが、本書では$P = \sum X_i$と表現します。

② X_{max}

データの中での最大値を示します。

③ X_{min}

データの中での最小値を示します。

④ 度数 f_i

データ数をいくつかの区間に分割した時、その区間内に存在するデータ数を度数といいます。度数分布表を作成する時に、斜め線「／」や「正」などの度数マークを用いて度数を表すと分かりやすくなります。

⑤ 絶対値　|数字または式|

|－5.0|のように数字または式を2本の縦線で挟んだ形をしており、これを絶対値といいます。2本の縦線で挟まれた数値は常に正の値として扱われます。例えば$P = |-5.0|$は$P = 5.0$となります。

> **要点ノート**
> 管理手法には状態管理と統計的管理があり、管理手法に使われる種々の見慣れないような計算式がありますが、次項と併せて統計学には必須です。

2 品質管理の手法

データが多い場合の基礎データの計算

データが多い場合とは通常、データの数が50個以上の場合をいい、抜き取り検査の多くはこのケースです。

❶平均値：$\bar{X}$（Xバー）

区間の代表値とその区間の度数を積算した値を合計し、全度数で割り算した値です。

$$\bar{X} = \frac{\Sigma Z_i f_i}{\Sigma f_i} = Z_0 + \frac{\Sigma u_i f_i}{\Sigma f_i} h \qquad ⑤$$

Z_i：各区間の代表値。サンプルデータをいくつかの区間に分割し、その区間の中間値をZ_iとします。

f_i：区間中の度数。

Z_0：仮の平均値をいい、度数の一番多いところの代表値Z_iを仮の平均値Z_0とします。

u_i：単位化。$u_i = (Z_i - Z_0)/h$

h：区間の幅

❷中央値：$\tilde{X}$（Xメディアン）

データを大きさの順に並べた時、
- データ数が奇数個であればデータの中央に位置するデータの値。
- データ数が偶数個であればデータの中央に位置する2つのデータの平均値。

をいいます。データに極端な値が混在する場合、分布の中心が極端なデータに引き寄せられないようにするために用います。

❸中点値：M

測定値の最大値X_{max}と最小値X_{min}との平均値です。

$$M = \frac{(X_{max} + X_{min})}{2} \qquad ⑥$$

❹範囲：R

データの分布のばらつきの範囲を表します。以下の平方和、分散、標準偏差もばらつきを表します。Rはデータの最大値X_{max}から最小値X_{min}を引いた値

です。

$$R = X_{\max} - X_{\min} \tag{7}$$

❺偏差平方和：S

各データの数値から平均値を引いた値を2乗し、それに度数を掛けて、それらを集計した値のことです。

$$\begin{aligned}S &= (Z_1 - \bar{X})^2 f_1 + (Z_2 - \bar{X})^2 f_2 + \cdots\cdots + (Z_n - \bar{X})^2 f_n \\ &= \Sigma(Z_i - \bar{X})^2 f_i\end{aligned} \tag{8}$$

n：データ数

❻分散：V

分散は偏差平方和を（総データ数－1）で割った値で、2乗の単位を持った平均ばらつきです。

$$V = \frac{S}{\Sigma f_i - 1} \tag{9}$$

❼標準偏差：σ（シグマ）

標準偏差は分散 V の平方根です。

$$\sigma = \sqrt{V} \tag{10}$$

標準偏差は測定値のバラツキ（＝精度）を示す値として用いられ、標準偏差が小さいほどデータのばらつきは小さいといえます。

表 3-2 用語のまとめ

用語	記号	概要
平均値	$\bar{X}$	区間の代表値とその区間の度数を積算した値を合計し、全度数で割った値
中央値	$\tilde{X}$	データを大きさの順に並べた時、データの中央に位置する値
中点値	M	測定値の最大値と最小値との平均値
範囲	R	データの最大値から最小値を引いた値
偏差平方和	S	各データの数値から平均値を引いた値を2乗し、それに度数を掛けて集計した値
分散	V	偏差平方和を（総データ数－1）で割った値
標準偏差	σ	分散の平方根

要点 ノート

難しい記号がたくさん出てきましたが、統計学には必要な記号です。データが少ない場合の計算式もありますが、ここでは一般的に利用されるデータの多い場合の計算式を記載してあります。

2 品質管理の手法

データが多い場合の計算例

　次項より品質管理手法の1つであるヒストグラムと工程能力を推定する工程能力指数Cp値について述べてありますが、**図3-24**の直径50.0 mmの測定値をもとにして、具体的な計算法を説明します。

　ヒストグラムの作成には、以下の計算をします。
①全データをいくつかの区分に分割し、加工区間の代表値を求める。
②加工区間の度数を求めて全データの平均値を計算する。

　また工程能力指数Cp値の計算には、ヒストグラムに必要な計算に加えて
①偏差平方和を計算する。
②分散を計算し、標準偏差を求める。
ことになります。

　図3-24の外径を1/1000 mm単位のマイクロメータを使って1日につき5回測定し、**表3-3**の測定結果を得ました。この時の測定値は実測値から50.0を引いたものです。この時の平均値$\bar{X}$、偏差平方和S、分散V、標準偏差σを求めなさい。

　[手順1] 最大値、最小値を決めます。

　表3-3から最大値X_{max}と最小値X_{min}を求めると、$X_{max} = 0.042$、$X_{min} = 0.012$となります。

　[手順2] 仮の区間の数kを決めます。

　区間をいくつにするか決まっていないので、仮の区間を決めてから実際の区間を決めます。

　区間の数の決め方は**表3-4**を目安とするか、またはデータ数nの平方根$\sqrt{n}$

図3-24 例題図

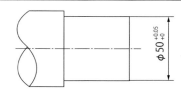

第3章 加工の段取り作業と品質管理

表3-3 測定結果

グループNO.	測定値				
	X_1	X_2	X_3	X_4	X_5
1	0.022	0.035	0.028	0.021	0.030
2	0.025	0.012	0.020	0.024	0.026
3	0.027	0.023	0.028	0.025	0.017
4	0.032	0.025	0.020	0.023	0.030
5	0.024	0.023	0.027	0.017	0.020
6	0.016	0.013	0.030	0.030	0.035
7	0.026	0.042	0.034	0.021	0.020
8	0.028	0.026	0.030	0.040	0.028
9	0.028	0.017	0.027	0.030	0.025
10	0.033	0.028	0.035	0.025	0.025
11	0.040	0.032	0.020	0.035	0.036
12	0.028	0.030	0.038	0.036	0.016
13	0.024	0.026	0.038	0.032	0.020
14	0.022	0.030	0.025	0.023	0.028
15	0.025	0.038	0.025	0.018	0.030
16	0.026	0.023	0.037	0.028	0.025
17	0.025	0.032	0.039	0.028	0.020
18	0.023	0.017	0.025	0.027	0.025
19	0.036	0.023	0.028	0.022	0.025
20	0.033	0.020	0.034	0.025	0.028
合計					

表3-4 区間の数

データn	区間の数
50〜100	6〜10
100〜250	7〜12
250以上	10〜15

を計算しそれに近い整数を選択します。

　データnは1日につき5データを20日間取っているので$n = 100$となります。したがって$k = \sqrt{100} = 10$となるので、これを仮の区間の数とします。

　[手順3] 区間の幅hを計算します。

表 3-5 度数表と偏差平方和を求める表（度数分布表）

グループNo.	区間	代表値 Z_i	度数 f_i	$Z_i f_i$
1	0.0115〜0.0145	0.013	2	0.026
2	0.0145〜0.0175	0.016	6	0.096
3	0.0175〜0.0205	0.019	9	0.171
4	0.0205〜0.0235	0.022	12	0.264
5	0.0235〜0.0265	0.025	23	0.575
6	0.0265〜0.0295	0.028	16	0.448
7	0.0295〜0.0325	0.031	13	0.403
8	0.0325〜0.0355	0.034	8	0.272
9	0.0355〜0.0385	0.037	7	0.259
10	0.0385〜0.0415	0.040	3	0.120
11	0.0415〜0.0445	0.043	1	0.043
合計			100	2.677

$Z_i =$ (区間の上値−区間の下値)/2　　度数の合計　　(代表値×度数)の合計

平均値 $\bar{X} = \Sigma Z_i f_i / \Sigma f_i$	$Z_i - \bar{X}$	$(Z_i - \bar{X})^2$	偏差平方和 S_i
0.026770	−0.01377	0.0001896	0.0003792
	−0.01077	0.0001160	0.0006960
	−0.00780	0.0000604	0.0005434
	−0.00477	0.0000228	0.0002730
	−0.00177	0.0000031	0.0000721
	0.00123	0.0000015	0.0000242
	0.00423	0.0000179	0.0002326
	0.00723	0.0000523	0.0004182
	0.01023	0.0001047	0.0007326
	0.01323	0.0001750	0.0005251
	0.01623	0.0002634	0.0002634
			0.0041597

平均値＝($Z_i \times f_i$)の合計/f_iの合計　　偏差＝区間の代表値−平均値　　偏差平方和＝偏差×偏差×度数

　このデータの最大値と最小値の間を10等分すれば $h = (0.042 - 0.012)/10 = 0.003$ となります。区間の幅 h は四捨五入して測定単位の整数倍になるよう決定します。測定単位は0.001 mmなので、本題では $h = 0.003$ とします。

　［手順4］区間の初めの境界値を求めます。

　初めの区間の下側境界値は、下側境界値＝最小値−測定器の目盛/2　で求めます。したがって、下側境界値 = 0.012 − 0.001/2 = 0.0115 mmとなります。

　ここから区間幅を0.003 mmとして10区間のデータを作ります。つまり1区

間目の下側は0.0115、上側は0.0145となり、これを10区間分作成しますが、データの最大値が0.042、区間幅が0.003 mmなので実際には11区間となります。この結果11区間の下側は0.0415、上側は0.0445となります（表3-5）。

［手順5］代表値：Z_i

代表値とは群内の各区間における中間値をいいます。1区間目の代表値はZ_1 = (0.0115 + 0.0145)/2 = 0.013、11区間目の代表値はZ_{11} = (0.0415 + 0.0445)/2 = 0.043となります。

これに基づいて度数表を含む偏差平方和を求める表（表3-5）を作成します。

表3-3の測定値の中から、各区間に該当する度数（個数）を表したのが度数f_i欄です。例えばグループNo.5における区間0.0235～0.0265 mmに該当する度数は23であるということを示します。

［手順6］平均値：$\bar{X}$

平均値は$\bar{X} = \Sigma Z_i f_i / \Sigma f_i$で求めます（表3-5）。

順序としては、まず各区間における「代表値×度数」を計算し、その合計$\Sigma Z_i f_i$を求めます。この例では、合計は2.677になります。したがって平均値は、平均値 = 2.677/100 = 0.02677となります。

［手順7］偏差平方和：S

偏差平方和は$S = \Sigma(Z_i - \bar{X})^2 f_i$の式で求めます（表3-5）。

順序としては、まず各区間における「偏差 = 代表値 − 平均値」を計算し、「偏差^2×度数」の計算で、各区間の偏差平方和を求めます。この例では、グループNo.1の偏差は0.013 − 0.02677 = −0.01377、偏差平方和$S_1 = (-0.01377)^2 \times 2 = 0.0003792$となります。

また、グループNo.6の場合は、偏差 = 0.028 − 0.02677 = 0.00123、偏差平方和$S_6 = (0.00123)^2 \times 16 = 0.0000242$となります。偏差平方和$S$は各区間の偏差平方和の合計ですから、この例では0.0041597となります。

［手順8］分散：V

分散は偏差平方和を（総データ数 − 1）で割った値です。したがって、$V = S/$（総データ数 − 1） = 0.0041597/(100 − 1) = 0.000042 となります。

［手順9］標準偏差：σ

標準偏差は分散Vの平方根ですから、$\sigma = \sqrt{V} = \sqrt{0.000042} = 0.0064821$となります。

> **要点 ノート**
> データが多い場合の基礎計算式とヒストグラムを得るための例題を掲載しました。難しい計算ですが、Excelを使うと割合簡単に計算できます。

2 品質管理の手法

ヒストグラム

　測定データにばらつきが認められる時、そのデータをいくつかの区分に分割し、それぞれの区分に属する度数を数えて、区分範囲と度数で表された柱状図をヒストグラムといいます。実際には表3-5のような度数分布表を作成し、それに基づいて柱状のグラフを作成します。部品の寸法、重量などの測定値や計量値をデータとして、それらのデータを度数分布表という形で数値化し、平均値やばらつきの状態をヒストグラムというグラフで図式化することによって品質管理や工程管理の状況を知ることができます。さらに区間の代表値と度数との交点を滑らかな曲線で結ぶと、度数分布曲線を描くことができます。

　品質特性や工程の特性値が求められる工程でよく用いられています。

❶目的
①分布状態よって、部品の母集団全体の平均値やばらつきを知り、その差異に対する対策の指針を得ることができます。

②度数分布曲線の形状によって、管理の状態や管理の良否を判定する資料となります。

　　度数分布曲線は規格値を中心にして左右に等分布であることが最良ですが、度数分布曲線が極端にどちらかに偏っている、また分布の山が2つある、離れた山が存在するような形状の場合は管理されていない状態と考えられます。

③ヒストグラムの分布状態を知り、工程能力指数Cpを算出することによって、工程の能力が十分か否かを判定する資料となります。CpについてはP.118を参照して下さい。

❷ヒストグラムの作成
　前出の図3-24の$\phi50$を測定した結果、表3-3の測定結果が得られたものとして、ヒストブラムの作成法を説明しましょう。

　表3-3の例は直径50 mmの外径の寸法を日付順に測定したもので、1日につき5個のデータを集めたものです。

　前記例題のように手順1から手順5の計算を行います。手順5の計算より代表値Z_iと度数f_iが表3-5のように求められます。例えばグループNo.5における

区間0.0235～0.0265 mmに該当する度数（個数）は23であるということを示します。この場合の区間の代表値は0.025となります。

同様にして各区間の代表値を求めてそれを横軸に取り、代表値上に度数を与えて区間の下側境界値の線と上側境界値の線とを結べば矩形の棒グラフができるので、全ての区間で矩形を作成すると**図3-25**のヒストグラムが出来上がります。このヒストグラムの中でS_Lはサイズ公差の最小値0、S_Uはサイズ公差の最大値0.05を示します。

このデータでは、目標値0.025に対し平均値が右寄りになっていることが分かります。したがって加工の寸法がもう少し小さめになるように、つまり、目標値（規格中心ともいう）に近づくように加工寸法を修正する、あるいは機械の特性を調べるなど、何らかの対応が必要となります。

図3-25 ヒストグラム

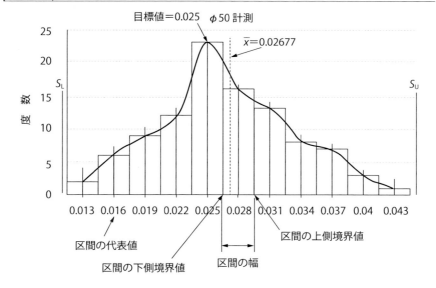

> **要点ノート**
> ヒストグラムの目的は抜き取り検査によるデータから母集団全体のばらつきを知り、その対策の指針を得ることです。現状の工程管理の良否を判別できます。

2 品質管理の手法

工程能力指数 Cp値①
工程能力指数とは

❶工程能力指数とは

　部品や製品は図面という媒体を使って、立体形を平面的に表現されたものが生産現場に配布され、その内容に基づいて製品がミスもなく的確に生産されるよう工程設計がなされますが、製品の製作過程において必ずしも100％の満足された製品が製作されるとは限りません。もちろん生産数が少ない場合には全ての部品を厳重に検査して100％の良品を確保することはできますが、何万個、何十万個の部品を製作する過程においてはいくつかの不良品の発生は避けられず、その不良品が許容される範囲以下であればその工程は管理されている状態とみなされ、僅かながら不良品が混入されたまま生産されるのが現状です。

　生産工程が管理されているかを判定する道具として、将来の生産工程の良否を数値で予測するものに工程能力指数があります。

　図面に含まれる情報を品質特性といっていますが、この品質特性のうちサイズ公差、幾何公差、面粗さなど計量値で特定されたものを規格値と呼び、規格の中心値と許容範囲を示す上限と下限が設けられ、この範囲内に各種の品質特性が収まっていれば合格品ということになります。しかし、この合格品でもいろいろな合格の程度があり、例えば許容範囲の上限ぎりぎりの合格、あるいは中心値での余裕ある合格などいろいろあります。単に許容値に収まっていればよいというだけではいけません。

　製造工程がよく管理されている状態というのは、合格品であっても、
①測定値のデータの分布が規格値の中心付近にあること。
②測定データの分布にばらつきが大きすぎたり、小さすぎたりしないこと。
③測定データが限界内にゆとりを持って分布していること。
④管理されている状態が維持されていること。
ということができ、このことが「いい品質」といわれる品質と考えられます。「品質向上対策」とはこの安定した工程をいかにして達成するか、またこの安定をいかにして維持するかという方法を考えることです。

　工程能力とは、要求されている品質特性を、安定状態に維持されている工程で、どの程度のばらつきで作り出す能力があるかを示す尺度を示し、その工程

能力を数値で評価するものが工程能力指数 Cp といわれています。

工程が安定している場合、測定されたデータは正規分布に従うのが一般的です。正規分布において 6σ（6×標準偏差）の幅と公差の幅を比べることで工程能力指数が算出されます。

図 3-26 | Cp 値とその内容

分布の例	工程能力指数 Cp（または Cpk）	工程能力有無の判定	処置	両側規格の不良率の目安 Cp
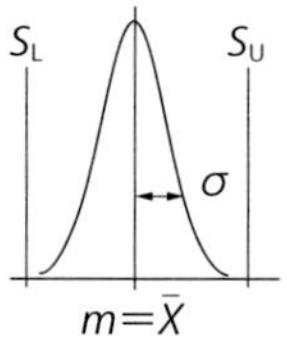	$1.67 < Cp$	能力は十分すぎる	・管理の簡素化や管理コストの低減を考える。	・2.0：10億個のうち2個 ・1.67：1000万個のうち6個。
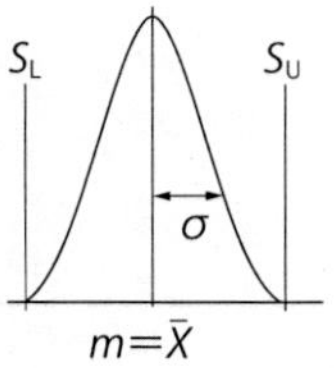	$1.33 < Cp \leqq 1.67$	工程能力は十分である	・これを維持するよう努力する。 ・重要工程でなければ検査の簡略化など検討する。	・1.33：10万個のうち6個。
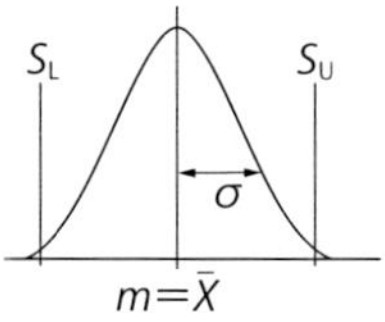	$1.0 < Cp \leqq 1.33$	工程能力は十分とはいえないが、まずまずの能力といえる	・不良品を出すおそれがあるので工程管理をしっかり行う。	・1.0：1000個のうち3個。
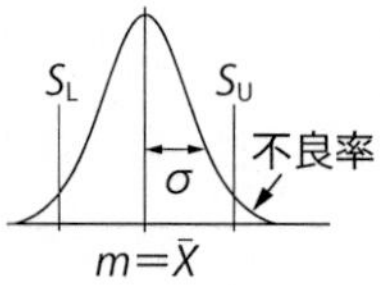	$0.67 < Cp \leqq 1.0$	工程能力不足	・不良品が発生する可能性大。検査を厳重にし、さらに工程の管理、改善対策。	・0.67：100個のうち5個。
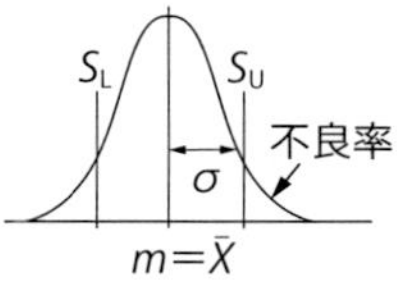	$0.67 \geqq Cp$	工程能力は非常に不足	・全く品質を満足しない。能力不足の原因を追究し、早急に対策。	・0.5：100個のうち13個。 ・0.33：10個のうち3個

図中：S_L：サイズ公差の最小値、S_U：サイズ公差の最大値、$\bar{X}$：データの平均値、σ：標準偏差、m：データの目標値

❷工程能力指数の判定

図3-26は平均値$\bar{X}$が規格の中心（目標値）mに等しい場合における工程能力指数の高い順に記載したものです。mが$\bar{X}$に等しいということは、$\bar{X}$とS_U（規格値の最大値）の間（これを片側規格という）および$\bar{X}$とS_L（規格値の最小値）の間（これを片側規格という）が等しいことを表し、片側規格を2つ合わせて両側規格といい、一般的な正規分布はこの形を取ります。

一般にCp値が1.33以上の場合工程能力は十分といわれ、この品質を常時維持するよう心掛けなければなりません。Cp値が1.33以下になると不良品を出す確率があるので、工程能力を上げる対策を早急に立てる必要があります。

このように、日常的に工程能力指数をチェックし、現在の品質が良好か、また将来の品質はどうかなどを把握しておくことが大切です。

❸確率密度関数

工程能力指数を求める基本的な計算は、前述したヒストグラムに基づいていますので、それぞれの計算に関してしっかり理解しなければなりません。機械加工においてはある寸法に数値目標を与え、その目標に一致するように加工を行いますが、設備の変位や作業者の熟練度などによって必ずしも全ての部品の寸法が一致するとは限りません。つまり、加工された寸法には多少のばらつきが生じ、そのばらつきの大きさが許容寸法内に入っていれば合格品となるわけです。一般に寸法管理、工程管理がよく行き届いている加工現場においては、個々のばらつきは、正規分布といわれるある一定範囲内に収まることが知られています。

ヒストグラムにおいては横軸にばらつき、縦軸に度数を表してグラフを作成しましたが、正規分布とは図3-26のように横軸を標準偏差、縦軸を確率密度とし、曲線によって確率密度関数を示したものです。

この確率密度関数は

$$f(X) = \frac{1}{\sqrt{2\pi}\,\sigma} \exp\left[-\frac{(X-\bar{X})^2}{2\sigma^2}\right] \quad ⑪$$

exp：自然対数の底、σ：標準偏差（ばらつき）
$\bar{X}$：測定データの平均値、X：区間

で表されるもので、加工された寸法を数多く測定した時には、ほとんどの測定値はX軸（横軸）とこの関数内に含まれます。つまり、X軸の中央が測定値の平均値を示し、左右に広がるにつれて寸法が平均値から遠ざかります。また、中央の平均値における測定値の度数（これを確率という）は最大を示しますが、両側に広がるにつれて度数は次第に少なくなり、さらにXが規格値（公差域）より広がる位置の度数は不合格の度数となります。このように、確率密

度関数のグラフは、測定値の平均値からいくらまでのばらつき（標準偏差σ）ならどの程度の確率（$f(X)$）で出現するのかを表すもので、この関数の形状によって品質管理の良否を推測するのです。

この確率密度関数は正規分布を基本とし、その基本的な性質は

① データの平均値$\bar{X}$と規格中心m（目標値）が一致すること。
② データの平均値$\bar{X}$は曲線の位置を決める。
③ データの平均値$\bar{X}$を中心にして左右対称である。
④ 曲線はデータの平均値の近傍で最大となり、両側に行くに従って低くなる。
⑤ 標準偏差σは曲線の形を決める。σが大きければ曲線は扁平に、小さければ狭く、高くなる。
⑥ Xの範囲がaとbに入る確率$P_r[a \leq X \leq b]$は、$X = a$、$X = b$のところに立てた垂直線と曲線に囲まれた面積（斜線部）である（図3-27）。

- $\bar{X} - \sigma$と$\bar{X} + \sigma$の間の曲線下の面積（これを$1 + 1 = 2\sigma$という）は全面積の68.3%である。
- $\bar{X} - 2\sigma$と$\bar{X} + 2\sigma$の間の曲線下の面積（これを$2 + 2 = 4\sigma$という）は全面積の95.5%である。
- $\bar{X} - 3\sigma$と$\bar{X} + 3\sigma$の間の曲線下の面積（これを$3 + 3 = 6\sigma$という）は全面積の99.7%である。

つまり、2σの範囲の合格確率は68.3%、4σの範囲の合格確率は95.5%、6σの範囲の合格確率は99.7%ということになります（図3-28）。

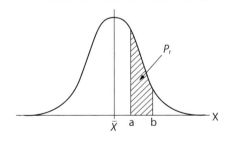

図3-27 合格確率

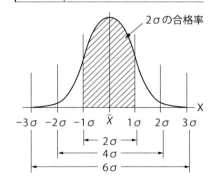

図3-28 2σ、4σ、6σ

要点 ノート

工程能力指数 *Cp* 値とは将来の生産工程の良否を数値で予測する統計的手法です。工程能力指数 *Cp* 値を1.33以上に維持できるよう工程管理をしっかり行うことが大切です。

2 品質管理の手法

工程能力指数　Cp値②
工程能力指数の求め方

❶工程能力指数：Cp

①両側規格と片側規格

工程能力指数 Cp を求める場合、両側規格による場合と片側規格による場合があります。

(a) 両側規格による場合

両側規格による場合とは、図3-29のように 6σ で工程能力を表す場合のことで、算定式は式⑫を用います。

$$Cp = (1 - K) \frac{T}{6\sigma} \qquad ⑫$$

K：偏り度、T：規格値の最大値（S_U）と最小値（S_L）との差
σ：標準偏差

偏り度 K とは図3-29のようにデータの平均値 $\bar{X}$ と規格の中心値（加工の目標値）m とが一致していない場合、b に対する a の割合をいい、式⑬で求めます。

$$a = 規格中心とデータの平均値との差 = \left| \frac{S_U + S_L}{2} - \bar{X} \right|$$

$$b = 規格幅の半分 = \frac{S_U - S_L}{2} \quad より$$

$$K = \frac{a}{b} = \left| \frac{S_U + S_L}{2} - \bar{X} \right| \Big/ \left(\frac{S_U - S_L}{2} \right) \qquad ⑬$$

偏り度が大きくなるに従って実際の工程能力指数 Cp は小さくなり、工程の不良率 p が大きくなります。両側規格での Cp で、データの平均値と規格の中心値が一致している場合は、$K = 0$ として Cp 値を計算します（図3-30）。

(b) 片側規格による場合

図3-31のようにデータの平均値からの 3σ で工程能力を表す場合のことで、偏り度を考える必要はなく、式⑭、⑮で求めます。

データの平均値 $\bar{X}$ が規格値 S_L、S_U に近づくに従って不良率 p は大きくな

り、$\bar{X} = S_U$ または $\bar{X} = S_L$ の時は、不良率 p は50％となります。

片側規格による Cp 値は上側または下側の Cp 値を求め、Cp 値の低い方を全体の Cp とします。

- 下側 Cp 値

  データの平均値が規格の中心 m より下側にずれている時

  $$Cp = \frac{\bar{X} - S_L}{3\sigma} \quad ⑭$$

- 上側 Cp 値

  データの平均値が規格中心 m より上側にずれている時

  $$Cp = \frac{S_U - \bar{X}}{3\sigma} \quad ⑮$$

図 3-29 両側規格（偏りあり）

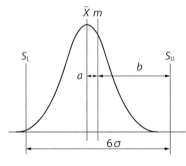

図 3-30 両側規格（偏り無し）

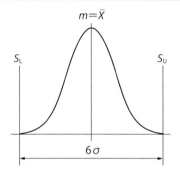

図 3-31 片側規格（偏りあり）

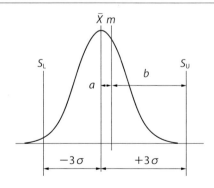

要点ノート

工程能力指数の求め方に、両側規格による場合と片側規格による場合があります。両側規格による工程能力指数が一般的です。

2 品質管理の手法

工程能力指数 Cp 値③
不良率の計算、例題、評価

❶ 不良率 p の計算

不良率とは規格限界（寸法の最大値、最小値）から外れる確率をいい、「規格限界と平均値との差」と標準偏差との比率 k を求め、正規分布表から不良率を推定します。

① 両側規格の場合

データの平均値より下側の不良率を下側の不良率、上側の不良率を上側の不良率とします。

標準偏差の係数 k_1、k_2 を計算し、正規分布表（**表3-6**）から k_1、k_2 に該当する不良率 p_1、p_2 を求め、両側規格の場合は全体の不良率 p は $p = p_1 + p_2$ で計算します。

- 下側の不良率 p_1

$$k_1 = \frac{\bar{X} - S_L}{\sigma} \qquad ⑯$$

- 上側の不良率 p_2

$$k_2 = \frac{S_U - \bar{X}}{\sigma} \qquad ⑰$$

② 片側規格の不良率 p は、それぞれの不良率がそのまま不良率となります。

❷ Cp 値の例題

図3-24に示した外径直径 $\phi 50.0 + 0.05/0$ の工程能力指数 Cp を求めることにします。測定データは表3-3を用いることにします。

表3-3は外径 $\phi 50.0$ を5個ずつ、1/1000 mm単位で20組を測定した結果です。

P.112において計算した［手順1］〜［手順9］のデータをそのまま流用することにします。

手順9において標準偏差が $\sigma = 0.0064821$ なので、以下の手順により両側規格の Cp 値を求めます。

［手順10］偏り度 K

式⑬において、$S_U = 0.05$、$S_L = 0$、$\bar{X} = 0.02677$ ですから

表 3-6　正規分布表（X が $\bar{X} + k\sigma$ 以上の値を取る確率）（JIS Z9041-1）

k	.00	.01	.02	.03	.04	.05	.06	.07	.08	.09
0.0	.5000	.4960	.4920	.4880	.4840	.4801	.4761	.4721	.4681	.4641
0.1	.4602	.4562	.4522	.4483	.4443	.4404	.4364	.4325	.4286	.4247
0.2	.4207	.4168	.4129	.4090	.4052	.4013	.3974	.3936	.3897	.3859
0.3	.3821	.3783	.3745	.3707	.3669	.3632	.3594	.3557	.3520	.3483
0.4	.3446	.3409	.3372	.3336	.3300	.3264	.3228	.3192	.3156	.3121
0.5	.3085	.3050	.3015	.2981	.2946	.2912	.2877	.2843	.2810	.2776
0.6	.2743	.2709	.2676	.2643	.2611	.2578	.2546	.2514	.2483	.2451
0.7	.2420	.2389	.2358	.2327	.2296	.2266	.2236	.2206	.2177	.2148
0.8	.2119	.2090	.2061	.2033	.2005	.1977	.1949	.1922	.1894	.1867
0.9	.1841	.1814	.1788	.1762	.1736	.1711	.1685	.1660	.1635	.1611
1.0	.1587	.1562	.1539	.1515	.1492	.1469	.1446	.1423	.1401	.1379
1.1	.1357	.1335	.1314	.1292	.1271	.1251	.1230	.1210	.1190	.1170
1.2	.1151	.1131	.1112	.1093	.1075	.1056	.1038	.1020	.1003	.0985
1.3	.0968	.0951	.0934	.0918	.0901	.0885	.0869	.0853	.0838	.0823
1.4	.0808	.0793	.0778	.0764	.0749	.0735	.0721	.0708	.0694	.0681
1.5	.0668	.0655	.0643	.0630	.0618	.0606	.0594	.0582	.0571	.0559
1.6	.0548	.0537	.0526	.0516	.0505	.0495	.0485	.0475	.0465	.0455
1.7	.0446	.0436	.0427	.0418	.0409	.0401	.0392	.0384	.0375	.0367
1.8	.0359	.0351	.0344	.0336	.0329	.0322	.0314	.0307	.0301	.0294
1.9	.0287	.0281	.0274	.0268	.0262	.0256	.0250	.0244	.0239	.0233
2.0	.0228	.0222	.0217	.0212	.0207	.0202	.0197	.0192	.0188	.0183
2.1	.0179	.0174	.0170	.0166	.0162	.0158	.0154	.0150	.0146	.0143
2.2	.0139	.0136	.0132	.0129	.0125	.0122	.0119	.0116	.0113	.0110
2.3	.0107	.0104	.0102	.0099	.0096	.0094	.0091	.0089	.0087	.0084
2.4	.0082	.0080	.0078	.0075	.0073	.0071	.0069	.0068	.0066	.0064
2.5	.0062	.0060	.0059	.0057	.0055	.0054	.0052	.0051	.0049	.0048
2.6	.0047	.0045	.0044	.0043	.0041	.0040	.0039	.0038	.0037	.0036
2.7	.0035	.0034	.0033	.0032	.0031	.0030	.0029	.0028	.0027	.0026
2.8	.0026	.0025	.0024	.0023	.0023	.0022	.0021	.0021	.0020	.0019
2.9	.0019	.0018	.0018	.0017	.0016	.0016	.0015	.0015	.0014	.0014
3.0	.0013	.0013	.0013	.0012	.0012	.0011	.0011	.0011	.0010	.0010
3.1	.0010	.0009	.0009	.0009	.0008	.0008	.0008	.0008	.0007	.0007
3.2	.0007	.0007	.0006	.0006	.0006	.0006	.0006	.0005	.0005	.0005
3.3	.0005	.0005	.0005	.0004	.0004	.0004	.0004	.0004	.0004	.0003
3.4	.0003	.0003	.0003	.0003	.0003	.0003	.0003	.0003	.0003	.0002
3.5	.0002	.0002	.0002	.0002	.0002	.0002	.0002	.0002	.0002	.0002
3.6	.0002	.0002	.0001	.0001	.0001	.0001	.0001	.0001	.0001	.0001
3.7	.0001	.0001	.0001	.0001	.0001	.0001	.0001	.0001	.0001	.0001
3.8	.0001	.0001	.0001	.0001	.0001	.0001	.0001	.0001	.0001	.0000
3.9	.0000	.0000	.0000	.0000	.0000	.0000	.0000	.0000	.0000	.0000

$$K = \frac{a}{b} = \left| \frac{S_U + S_L}{2} - \bar{X} \right| / \left(\frac{S_U - S_L}{2} \right) = \left| \frac{0.05 + 0}{2} - 0.02677 \right| / \left(\frac{0.05 - 0}{2} \right)$$

$$= 0.07080$$

[手順11] Cp 値

$\sigma = 0.0064821$ ですから式⑫より

$$Cp = (1 - 0.07080) \frac{0.05 - 0}{6 \times 0.0064821} = 1.195$$

[手順12] 不良率 p

①下側不良率 p_1

$$k_1 = \frac{\bar{X} - S_L}{\sigma} = \frac{0.02677 - 0}{0.0064821} = 4.1298$$

表3-6は正規分布表を表しています。この表の k の欄には4.0以上は記載されていないので不良率はゼロと考えられます。

②上側不良率 p_2

$$k_2 = \frac{S_U - \bar{X}}{\sigma} = \frac{0.05 - 0.02677}{0.0064821} = 3.5837 ≒ 3.58$$

表3-6より不良率を求めます。

表3-7は表3-6から抜粋したものですが、不良率 k_2 が3.58ということなので表3-7のように k 欄の3.5を見つけ（㋐）、横方向の0.08（㋑）を縦方向に見てその交差点が不良率になります。この例では0.0002なので、不良率 p_2 は0.02％

表3-7 不良率 p の求め方

k	.00	.06	.07	.08	.09
0.0	0.5000	0.4761	0.4721	0.4681	0.4641
0.1	0.4602	0.4364	0.4325	0.4286	0.4247
～					
3.3	0.0005	0.0004	0.0004	0.0004	0.0003
3.4	0.0003	0.0003	0.0003	0.0003	0.0002
3.5	0.0002	0.0002	0.0002	**0.0002**	0.0002
3.6	0.0002	0.0001	0.0001	0.0001	0.0001
3.7	0.0001	0.0001	0.0001	0.0001	0.0001

ということになります。

③全体の不良率p

全体の不良率は下側不良率と上側不良率の合算したものです。したがって全体の不良率は $p = p_1 + p_2 = 0 + 0.02 = 0.02\%$ となります。

つまり、不良品の出る確率は10000個のうち2個ということを表しています。不良率の評価は、全体の不良率で表すのが一般的です。

❸評価

図3-26によればCp値が1.33以上であれば十分な工程能力があるとみなされますが、本題の場合のCp値が1.195という結果なので「工程能力は十分とはいえませんが、まずまずの能力がある」といえます。さらに、この加工において不良品はゼロでしたが、「不良品を出すおそれがあるのでしっかり工程管理を行わなければならない」という結論になります。

検査を厳重に行い、寸法のばらつきが出ないよう工程の管理、改善をしっかり行えば更にCp値が上向くと考えられます。機械側の対策の一例を以下に挙げます。

①NC機械の摺動面のガタ（バックラッシなど）をチェックします。
②クロススライドの繰り返し停止精度をチェックします。
③設備環境、作業環境を整えます。特に工場内の温度管理が重要です。
④機械に振動が伝播しないよう、地盤を強固にします。
⑤工具の摩耗は初期の段階で大きいので、工具交換時は摩耗による寸法変化に注意します。
⑥機械のボールスクリュは温度上昇とともに伸びる傾向にあります。ボールスクリュの保持方法によってプラス方向に伸びることもあり、またマイナス方向に伸びることもあります。機械を稼働すると必ず機械の温度が上昇するので、ボールスクリュがどちらの方向に伸びるかを調べることが必要です。
⑦機械の温度上昇によって主軸のアライメント（Z軸の変化）がプラス方向あるいはマイナス方向に変化します。どの程度の変化なのかを調べることが必要です。

> **要点 ノート**
> 工程能力指数Cp値とは品質特性を定量的に評価する指標の1つで、工程能力を数値で予測する手法です。Cp値が1.33以下ならば1.33以上になるようにいろいろな対策を考えましょう。

コラム3

● 設問3 ●

JISで規定している一般的なNC機械のプログラムに関する記述について、文中の①～⑪に当てはまる最も適切な語句を［語群］の中から1つ選び、回答欄に記号で答えなさい。
ただし、同一記号は重複して使用しないこと。

1. 作業者がこの機能を有効にするスイッチをあらかじめONしていれば、プログラムストップと同一の働きをする機能を（ ① ）といい、補助機能の（ ② ）で指令する。このスイッチをONしていない時は、この機能は無視される。
2. M04は（ ③ ）の指令を示し、加工物から右ねじが（ ④ ）方向に主軸を回転させる。
3. 刃先にノーズRを持つ工具において、プログラムされた工具位置と実際の刃先輪郭との差を補正する機能を（ ⑤ ）といい、準備機能の（ ⑥ ）、（ ⑦ ）で指令する。この補正機能をキャンセルする準備機能は（ ⑧ ）である。
4. 加工プログラムの終わりを示す機能は（ ⑨ ）であり、補助機能の（ ⑩ ）で指令する。そのブロックが終了した後、主軸およびクーラント機能などが停止する。さらにプログラムの先頭に戻す機能を持つ。
5. プログラムのチェックなどを目的に、NC工作機械の制御軸を移動させずにプログラムを実行させる機能を（ ⑪ ）という。

［語群］
　ア．エンドオブデータ　イ．M01　ウ．M00　エ．近づく　オ．遠ざかる
　カ．オプショナルストップ　キ．M02　ク．主軸時計方向回転　ケ．G41
　コ．刃先R補正機能　サ．工具補正　シ．主軸反時計方向回転　ス．G42
　セ．プログラムストップ　ソ．マシンロック　ナ．G40　ニ．M30
　ヌ．エンドオブプログラム

第4章

生産性向上と自動化

❰1❱ 生産性向上

労働生産性の概要と指標

❶労働生産性の概要

　生産性とは生産の4要素（人：Man、材料：Material、機械：Machine、方法：Method）の有効利用の度合いを示すもので、式①で表されます。

$$\text{生産性} = \frac{\text{活動の成果}}{\text{その成果を達成するために投入した量}} = \frac{\text{産出量（output）}}{\text{投入量（input）}} \quad ①$$

　産出量とは特定期間（例えば1週、1月などの短サイクル計画）における生産量（具体的には現場での完成部品個数や完成組み立て個数など）を指し、これをアウトプットといいます。投入量とは使用した設備（具体的には生産機械やそれらの装置の費用）、または労働量（生産に要した作業時間など）、使用した材料やエネルギーなどを指し、これをインプットといいます。

　したがって、少ない投入量（インプット）でより多くの産出量（アウトプット）を得ることができれば生産性が高いということになります。つまり、少ない費用でより多くの生産量を得ることが、生産性が高いといえます。

　生産性には、労働生産性、資本生産性、原材料生産性などがありますが、いずれも利益を向上させるための方法として、いろいろな方面から検討されます。生産現場では作業者が日常的に機械を操作し、最適な作業方法で生産しますが、その結果が大変良い場合に生産性がいいとか、結果が悪い場合には生産性が悪いので改善の余地があるなどと評価します。このように生産活動の良否を評価するのに、現場では会社の直接の利益という考えより現場の生産性（Productivity）という概念で考え、その生産性が高いほど会社の利益につながるというように考えるのが一般的です。これを労働生産性といいます。

　労働生産性とは、従業員1人当たり、あるいは従業員1人・1時間当たりの生産高をいい、式②で表されます。この指標が高いほど、能率の良い生産ができているということになります。生産高とはある期間中、例えば半年や1年などの間に生産された量を金額に表したもの、生産量は「販売量＋（期末仕掛品数量＋期末棚卸製品量）−（期首仕掛品数量＋期首棚卸製品量）」で表すことができます。生産量は販売量だけではなく工場内で完成していない製造途中の製品もあるわけで、それも生産量としてカウントします。またその期間の期首と期

第4章 生産性向上と自動化

末の棚卸の量の差も生産量にカウントすることで、その期間全体の生産量を表現することができます。

この生産量を上げることが生産性の向上につながります。

$$労働生産性 = \frac{生産高(金額)}{従業員数} \quad ②$$

❷労働生産性向上の指標

労働生産性の向上のための指標として、現場の作業に直接関係する下記の項について考えてみましょう。

- $稼働率 = \frac{主体作業時間}{直接時間} \times 100 \,(\%)$ ③

- $作業能率 = \frac{標準出来高時間}{実際作業時間} \times 100 \,(\%)$ ④

- $歩留まり率 = \frac{実際に得られた製品生産量}{投入された素材の量から期待される生産量} \times 100 \,(\%)$ ⑤

- $不良率 = \frac{不良品の生産量}{投入された素材の量から期待される生産量} \times 100 \,(\%)$ ⑥

①稼働率

特定の設備あるいは職場の機械が平均してどの程度稼動しているかを示す指標で、この数値が高ければ設備（機械）がより多くの時間稼働しているといえます。稼働率向上策から考えれば、通常の設備稼働可能時間（ここでは直接時間）はほぼ決まった時間ですから、実際の作業時間を長くすればよいわけです。つまり機械の稼働時間内で機械をフルに動かすことによって稼働率が向上します。稼働率は一般的には

$$稼働率 = \frac{実際の加工サイクルタイム \times 加工数}{稼働可能時間} \quad ⑦$$

で表され、機械の稼働可能時間に対する実際の加工に費やした時間の比率で表します。稼働可能時間には直接時間を充てます（P.134参照）。

稼働率の計算には下記のように2つの考え方があります。

(a) 多品種少量、中量生産の形態で、段取り作業が頻繁に発生する場合の稼働率

$$稼働率 = \frac{主体作業時間}{直接時間} \times 100 \,(\%) \quad ⑧$$

主体作業時間：加工、または組み立て作業をしている純粋な作業時間をいい、加工や組み立て作業に必要な計測、エアブロー、切屑除去などの付随時間も含みます。

直接時間：作業が可能な時間をいい、実働時間から間接時間を除いた時間をいいます。

　　［例］
　　　直接時間（稼働可能時間）が6時間で、加工物の取り付け、取り外しを含めた1個のサイクルタイム（1個を加工する時間）が10分の部品を30個生産できたとすると、その時の稼働率は次式で求められます。

$$稼働率 = \frac{主体作業時間}{稼働可能時間} = \frac{10 \times 30}{6 \times 60} = 0.833$$

　　　実際に切削作業に使われた時間は6時間のうち83.3%であり、その他の時間16.7%（約60分）は切削時間以外の時間、例えば素材の運搬、物品の探し物、計測などに使われたことになります。

(b) 少品種多量生産の形態で、段取り作業がほとんど発生しない場合の稼働率
　　少種多量生産形態で、段取り作業がほとんど無く毎日同じ製品を加工している場合は、式⑧において主体作業時間は正味作業時間と同じになります。

②作業能率

　作業能率の面から考えれば、より短い作業時間で出来高（生産数）を上げれば作業能率が良いということができます。言い換えれば、作業中の無駄を省き、作業に集中して生産数量を上げることによって作業能率が向上します。また実際の作業時間内で標準時間が短縮されれば、必然的に単位時間当たりの生産数量は多くなるので、生産性が向上します。

　標準出来高時間とは「1個当たりの標準時間×生産実績数量」、実際作業時間とは実際の作業時間のことで、図4-1の作業時間の構成図の直接時間に当たります。加工物の取り付け・取り外し時間や準備時間、余裕時間を含みます。

　作業能率は通常は1.0以下ですが、1.0を超えるような場合は標準出来高時間に余裕があることになり、標準時間の見直しが必要となります。

③歩留まり率

　投入された素材の量から期待される生産量に対する実際の生産量の比で表され、歩留まり率が大きいほど投入された素材に対しより多くの生産量を得ることができます。

　板金加工や機械加工のように素材を除去して部品を作る場合、例えば3kgのバー材10個から部品を加工して2.1kgの部品が9個出来上がった場合の歩留まり率は

$$歩留まり率 = \frac{2.1 \times 9}{3 \times 10} \times 100 = 63 （\%）$$

つまり63％となります。この場合の歩留まり率の計算単位は素材重量と製品重量との比較となります。つまり素材の重量に対する製品の重量の比率ですから、一般にはダイカスト製品のように加工代の少ない部品ほど歩留まり率が良いといえます。材料取りを工夫してスクラップ量を減らしたり、端材を活用するなどして材料を有効に使うことで歩留まり率が高まります。

④不良率

期待される生産量に対する不良品の割合を示し、例えば10個できると期待された製品が9個しかできなかった場合の不良率は

$$不良率 = \frac{1}{10} \times 100 = 10（\%）$$

不良品には
- 図面内容に合致しないもの
- 合格品であるが手直しされたもの
- 検査・品質基準を下げて合格品としたもの

などが含まれます。

現今のNC機械の加工性能は飛躍的に進歩しており、定常の稼働状況においては機械による性能の差異はほとんどなくなってきています。不良のできる原因はいろいろ考えられますが、作業者の誤操作、勘違い、慣れなどの人的ミスに起因することが多くあります。

加工の標準作業を何度も見直して検討し、修正を加えてミスをなくす対策を考えなければなりません。

図 4-1 作業時間の構成図

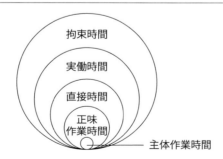

要点ノート

労働生産性とは一定期間における従業員1人当たりの生産量をいいます。労働生産性を向上させるためには稼働率を上げる、すなわち生産量を上げることです。

1 生産性向上

作業時間

　業種、作業部署によって作業時間の配分が異なることもありますが、一般の加工工場や組み立て工場の作業時間配分は**図4-2**のようになっています。これらの時間は稼働率や作業時の標準時間の算定に使われます。

①拘束時間：会社に勤務している時間をいいます。一般に1日8時間労働といわれていますが、昼食時間や午前、午後の定期的な休憩を取らせるために、それらの時間を8時間にプラスしてこれを拘束時間といいます。

②休憩時間：労働時間の間に定期的に休憩する時間です。

③実働時間：拘束時間から休憩時間を除いた時間です。この時間は社内で決められた時間で、実際に働くことのできる総時間となります。

④直接時間：作業が可能な時間をいい、実働時間から間接時間を除いた時間です。

⑤間接時間：会議への出席、QC活動、機械の故障による待ち時間、材料の待ち時間など作業に直接関係しない時間です。

⑥正味作業時間：実際に製品を加工している時間、あるいは組み立てラインの中で実際に組み立て作業をしている時間で、加工するために必要な準備時間を含みます。

⑦主体作業時間：純粋に加工、または組み立て作業をしている時間です。加工や組み立て作業に必要な計測、エアブロー、切屑除去などの付随時間を含んだ時間です。

⑧準備時間：治具を運ぶ、工具を取りそろえる、試し加工、寸法チェック、計測など生産作業に必要な準備作業をいいます。

図 4-2　作業時間の構成

拘束時間（勤務時間）				
実働時間（8時間）			休憩時間	← 午前、昼食、午後の定期的な休憩時間
直接時間		間接時間		← 会議、打ち合わせ、機械故障など作業に直接関係のない時間
正味作業時間	余裕時間			← 仕事を継続していくうえで避けられない遅れや疲労を回復する時間
主体作業時間	準備時間			← 治具・工具の取りそろえ、段取りなど作業に必要な準備作業

⑨余裕時間：作業を1日継続していくうえで必要な、避けられない遅れや疲労を回復する時間をいいます。NC機械のような自動機械を使った作業中であれば、余裕時間というロス時間中でも作業は継続できますが、この時間を少なくする対策を考えれば正味作業時間を長くすることができます。余裕時間は通常余裕率で表されます。

$$余裕率 = \frac{余裕時間}{直接時間} \qquad ⑨$$

余裕時間とは、例えば以下のような時間です。
（a）作業余裕：必要な作業ですが、不規則、偶発的に発生する時間。
（b）職場余裕：朝礼、朝夕の清掃、短時間の材料待ちのような、その工場の管理のやり方でできる時間。
（c）疲労余裕：疲労を回復するための休止と、疲労したために仕事が遅くなって余計に掛かる時間。
（d）用足し余裕：用便、水飲み、私用の雑用など作業者の生理的な理由や雑用のために避けられない時間。

個々の工場によって、また作業の内容によって余裕時間は異なりますが、普通旋盤やフライス盤など主に手動機械の作業時に発生する余裕率の目安を**表4-1**に示しています。現今のNC工作機械や自動盤のような自動機械での作業においては、余裕時間中にも機械が稼働していることが多いので、実際の現場ではこの目安よりかなり低い数字になるでしょう。

表4-1 余裕率の目安

		余裕率（％）
作業余裕		5前後
職場余裕		3前後
用足し余裕		3〜5
疲労余裕	特重作業	30〜60
	重作業	20〜30
	中作業	10〜20
	軽作業	5〜10
	特軽作業	0〜5

要点 ノート
一般的な金属加工業の作業時間は正味作業時を指していますが、この中の主体作業時間（実質切削時間）をいかに長く確保するかが生産性の向上につながります。

1 生産性向上

標準時間

❶標準時間の定義
- 決められた方法と設備を用いて、
- 決められた作業条件のもとに、
- その仕事に要求される普通の熟練度を持った作業者が、
- その仕事に対して訓練され、その職務を十分に遂行できる状態で、
- 標準の速さで作業を行う時に、1単位の作業量を完成するに必要な時間、

をいいます。

　標準作業とは、製造工程全体を対象に、品質どおりのものを、正確に、安く、早く、かつ安全に作るための仕事の手順を決めたもので、作業の基準となるものです。標準作業通りに、誰がその作業を行ってもばらつきの少ない製品が、同じ時間でかつ安全に生産されるようにするために標準作業のマニュアル化が必要となります。作業者にはその標準作業を十分教育し、手順を守らせなければなりません。

❷標準作業時間の設定
　標準時間の設定には十分に訓練された熟練者の作業時間を基準にしていますが、原価見積もり、日程計画などその用途、目的によっていろいろな測定方法があります。

①実績資料法

　過去の実績資料に基づいて、見積もりを類推する方法です。作業日報や何らかの方法で標準作業の実績を測定しておく必要があります。過去との形状や製造工程が類似している場合は有効ですが、製造に改善、改良が加えられ、過去と異なる状況においては利用するのが難しくなります。

②時間研究法

　タイムスタディと呼ばれ、代表的な設定手法です。作業をいくつかの要素作業に分割し、要素作業ごとにストップウォッチや映像などで時間を測定して観測記録を作成します。それらの数値をレイティング法によって標準作業時間に反映させる方法です。標準時間の算定の導入時期にはこの方法が用いられることが多くあります。

レイティングとは、各種作業の測定された結果に基づいて、訓練された観測者の主観的な判断によって作業者の作業速度を判断し、修正する方法をいいます。時間研究法は類似した加工の標準時間の見積もりに利用されます。

時間研究法の要点について述べてみます。

（a）作業をいくつかの作業要素に分類し、分類表を作成します。作業要素は作業の切れ目になるような作業で分類し、記録が容易になるよう配慮します。

　　3爪を持つNC旋盤で加工する場合の一般的な作業要素の分類の一例を**表4-2**に示します。

表4-2　作業要素の分類例

NC旋盤作業の作業時間						
工程名	ギアブランク第1工程		担当班			
部品No.	1234-5678-1222		部品名			
ワークの把持	3爪チャック		機種			
切屑排除	エアガン、カキ棒		実施日			

順序	手順	作業内容	ポイント	時間（秒）	例外作業	時間（秒）
1	ドアを開ける	加工終了灯後、左手でドアの取っ手を握り左側にドアを開ける	左手で取っ手を握り、左側に開く	3		
2	チャックの切屑除去	エアガンでチャック、ワークの周囲をエアブローする	切屑の絡みはカキ棒で行う	5		
3	チャックを開く	ワークを手で押さえ、フートスイッチを左足で踏んでチャックを開く	フートスイッチを左足で踏む	2		
4	ワークを右手に受ける	右手でワークを支えチャックからワークを外す	ワークに傷を付けないこと	5		
5	ワークを防錆油台に運ぶ	両手または片手でワークを持ち作業台の所定の位置にワークを置く	重ねる時に傷が付かないよう注意	2		
6	—	—	—	—		
7	—	—	—	—		
			合計時間			

注意事項
・ドアを開ける場合は機械が完全に停止していることを確認すること。

作業者が素材を1個ずつ機械に取り付け、加工が終了した時点で加工物を機械から取り外し、再度素材を機械に取り付ける操作を何度も繰り返して加工する場合の動作です。観測者が測れる程度の動作に分類して表を作り、それぞれの動作ごとに動作時間を記入します。
(b) 時間を集計することによってこの部品の1個当たりの作業時間が分かります。
(c) 経験の深い他の作業者の意見を聞きながら、作業速度や多少のアクシデント有無などを考慮して多少の修正を加え、標準時間を設定します。
(d) 上記部品の類似形状、類似工程の標準時間の設定は、これらのデータをもとに類推します。
(e) 観測するうえでの注意点
- 観測される対象者にその趣旨をよく説明し、了解を得ておきます。
- 作業の切れ目は表の本当の区切りから多少はずれていても、はっきりしたポイント点で時間を測定します。
- 観測者は作業の邪魔になってはいけません。作業範囲の約1.5～2m離れたところで行います。
- 段取り作業時間はこの分類には記載しませんが、大まかな段取り時間を1分単位で記録しておくとよいでしょう。
- 例外作業（加工物を落とした、作業者が抜き取り測定したなど）が出た時は別欄に注記し、どの作業時に例外作業が起きたのかが分かるようにしておきます。
- 動作が速いため、時間の記載が間に合わないことがあります。時間の記載は読み取った通し時間とし、0.01分単位で記入します。したがってデジタルストップウォッチを使用した方が便利です。

③直接時間測定法

加工品目が多くない場合には加工部品の1点ごとに作業時間を測定し、経験の豊富な作業者の意見を取り入れ、多少の修正を加えて標準時間とします。

表4-3は作業時間測定表の例を示します。加工部品ごとにこの表を使って実際の作業時間をデジタルストップウォッチで計測し、多少修正を加えて標準時間を設定します。

(a) 表4-3のような時間測定表を作成します。
(b) 作業時間の計測を数回行って表に記入します。この表では3回行っていますが、計測項目は取り付け時間、加工時間、取り外し時間、その他としています。

計測の欄には作業の終了した時点の時刻を読み取り記入します。3個目

の計測が済むまでストップウォッチは作動の状態にしておき、時刻は通しの時刻で記入します。

(c) 処理時間欄に個々の作業に掛かった時間を記入します。1個目の取り付けに掛かった時間は23秒、加工時間は6分21秒であることを示しています。2個目のその他に「測定5」とありますが、これは加工物の測定に5秒の時間を費やしたことを表しています。

(d) 処理時間を算出した後標準時間を設定します。NC機械などの自動機械においては加工時間はばらつきませんが、取り付け、取り外し時間にはばらつきがあるのでそれらの平均値を取るか、作業の内容をよく観察して適正な値を標準時間とします。

その他段取り時間などが計測できればそれも記入して、後の段取り時間の参考にします。

④経験見積もり法

経験豊富な担当者によって、経験的に見積もる方法です。主観的な判断になりやすいので精度はあまり良くありませんが、受注導入時の見積もりなどに利用されることが多いです。

表4-3 作業時間測定表

作業時間測定表							
部品名	リング			20＊＊年　月　日			
部品番号	777-1234-4567			測定者　＊＊＊			
工程番号	1工程						
段取り時間		1個目		2個目		3個目	標準時間
		計測	処理時間	計測	処理時間	計測	処理時間	
取り付け時間	23	23	7.28	27	14.31	21	23
加工時間	6.44	6.21	13.50	6.22	20.53	6.22	6.22
取り外し時間	7.01	17	14.10	20	21.12	19	20
その他			測定5				

要点 ノート

作業時間と標準時間とは異なります。標準時間算定法には実績資料法、時間研究法、直接時間測定法などがあります。

1 生産性向上

ワークサンプリング法

　稼働率を求める方法の1つにワークサンプリング法があります。
　ワークサンプリング法は瞬間観測法と呼ばれ、各作業時間をランダムに、しかも瞬間的に数多くの測定を繰り返し、その瞬間における作業内容を観察してそれを分類し、集計した結果から統計的手法（正規分布理論）を応用して稼働状況を把握する方法です。測定点を非常に多く取らなければなりませんが、直接時間観測法に比較して手間が掛からず、稼働状況の把握から作業者の諸稼働の時間的な比率が求まり、作業場全体の稼働率や標準時間の算定に応用されます。しかし、瞬間的な観測のため作業の順序やその作業が無駄であるのかどうかの詳細な分析はできません。

　［手順1］観測の目的、対象物、対象者を決めます。
　例えば段取りや遅れの要因を調べる、あるいは機械の稼働率を調査するなど目的を明確にします。

　［手順2］調査用紙（**表4-4**）を作成します。
　生産に直接関係する時間と非作業時間とに分類し、決められた時間に巡回した時の作業の内容を「／」印や「正」印などでカウントします。

　［手順3］観測数Nはある信頼性に基づいて設定します。稼働率を目的とする観測数は4000～5000回が目安です。

　［手順4］観測が終了したら稼働率を求めます。
　稼働率は主体作業比率のことですから、表4-4より82.2％です。このデータは段取り作業を繰り返す多品種、少量生産形態のデータであり、段取り作業比率と余裕時間比率などの非作業時間を除いた通常の稼働率は82.2％と見ることができます。

　工場の1日の直接時間が7時間とすると、直接時間の82.2％の時間、つまり5.8時間が主体作業時間に割り当てられることになり、1個当たりの加工時間（サイクルタイム）があらかじめ測定されていれば、そのロット数の加工が終了する日数を算定することができます。

　　［例］1日の主体作業時間が5.8時間、サイクルタイムが12分、1ロット100
　　　　　個の部品がある場合、100個加工に要する日数は

$$日数 = \frac{12 \times 100}{5.8 \times 60} = 3.45$$

表 4-4 観測調査用紙例

対象職場：機械課第1NC旋盤係　人数5名　観測者：＊＊＊　　　　20＊＊年　年　月　日

観測項目		観測日付	4月1日	4月2日	4月3日	4月4日	4月5日	4月6日	行合計	比率
主体作業時間	ドアを開ける		2	0	1	0	0	1	4	0.6667
	加工後のエアブロー		4	5	7	4	2	7	29	4.8333
	チャックを緩めてワーク取り外し		12	13	16	17	20	15	93	15.5
	ワークを置き台に運ぶ		1	3	2	1	3	2	12	2
	ワークの傷を調べる		1	0	1	0	1	0	3	0.5
	チャックをエアで洗浄		6	8	12	8	6	8	48	8
	素材を持ち上げてチャックに運ぶ		3	5	6	3	5	3	25	4.1667
	素材を押さえてチャッキング		2	5	6	7	8	6	34	5.6667
	素材の振れ確認		0	2	0	0	0	0	2	0.3333
	素材のつかみなおし		0	0	0	1	0	1	2	0.3333
	ドアを閉める		0	1	0	0	1	0	2	0.3333
	起動ボタンを押す		1	0	0	0	0	0	1	0.1667
	加工中の加工監視		31	30	30	27	28	29	175	29.167
	寸法計測		2	2	3	1	2	0	10	1.6667
	ワークの洗浄		5	4	3	2	2	1	17	2.8333
	パレットに並べる		4	3	2	3	1	0	13	2.1667
	工具補正量変更		6	3	3	4	3	4	23	3.8333
	主体作業比率								493	82.167
段取り作業	加工段取り		2	1	0	3	2	2	10	1.6667
	試削		3	1	0	1	2	2	9	1.5
	段取り時間比率								19	3.1667
余裕時間	切屑運搬		3	2	0	1	2	1	9	1.5
	素材の運搬		0	0	1	1	2	0	4	0.6667
	素材待ち		1	2	1	2	0	1	7	1.1667
	整理、整頓		2	1	0	3	1	4	11	1.8333
	清掃		3	2	4	4	2	3	18	3
	休憩		2	3	1	2	4	3	15	2.5
	話し中		1	3	1	2	1	4	12	2
	その他		3	1	0	3	2	3	12	2
	余裕時間比率								88	14.667
										100%
	列合計		100	100	100	100	100	100	600	

要点 ノート

稼働率の調査にワークサンプリング法があります。ランダムに作業の状況を観察、記録するだけなので、簡便な方法です。

【1 生産性向上

生産性向上対策①
現場の努力によるもの

　企業内では通常作業の標準時間が測定されていれば、この時間どおりに製品が加工されることが望ましいのですが、生産現場ではそれがなかなか難しいのが現状です。その現状を少しでも解消するための方策の中に作業当事者の努力によるものと外部からの阻害要因を除去するもの、さらに生産管理の良否などがあります。したがって、現場だけの問題ではなく他の管理部署の積極的な援用が必要なことはいうまでもありません。

❶加工技術に精通する教育を行います

　従業員を単なる作業者に終わらせてはなりません。

　作業には加工作業や組み立て作業のように繰り返し作業が多いのですが、単にその作業を繰り返させるのではなく、その効果的な作業あるいは加工技術に精通するような教育を行うことによって、その作業の良し悪しの判断、疑問点が見えてきて作業改善やモチベーションのアップにつながります。OJT（On the Job Training：現場で実際の作業をやりながら訓練する）で行うのが一般的で、そのためには指導者に高い技術、技能と資質が求められます。

❷多能工化を計画的に進めます

　多能工とは他の作業員が急な欠勤や不在の場合、その代行として作業を進めることができる種々の作業を成しえる従業員のことで、人員不足であっても優先順位を決めて負荷の変動に対処することができるようになります。

　図4-3、図4-4はNC旋盤作業とマシニングセンタの段取り作業を1人でできるように訓練している例です。業種によって作業の内容は多岐にわたりますが、それらの技能資格を得ることができれば、会社にとっても作業者にとっても大いにプラスになります。

　多能工の育成には次のことに留意します。
- 多能工化は技能の高い作業者から実施します。
- 年度の訓練計画表などを作り、目標を決めて少しずつ実施します。作業者のレベルが種々にわたるので、習得能力に沿った教育を行います。

❸現場管理

　現場管理というのは、製品を効率的に経済的に生産するために直接生産現場

に関わっている部門（直接部門）で行われている管理手法の1つで、**図4-5**のように多くの管理項目があります。現場で特に必要なのは現品管理です。

(a) 現品管理

　　生産現場には素材、半完成品、完成品などの生産品、工具や治具・金型などの備品、その他が数多く置かれています。これらの物の運搬や移動などの作業が生産活動に支障の無いよう適切な状態に保管、管理することを現品管理といいます。

　　現品管理をしっかり行うことによって、作業者が作業に必要なものを探すという無駄な時間が少なくなり、作業を早く、スムーズに行うことができるようになります。

(b) 現品管理は以下のことを重点に行います。

- 物の見える化を実現し、この体制を維持します。
- 物の受け渡しをしっかり行います。
- 記録、報告を確実に行います。
- 品目によって物を置く場所をしっかり決め、使用が済んだら必ず所定の位置に戻します。
- 5Sを励行し、物の周りを整理・整頓して清潔な環境を作り上げます。

図4-3	NC旋盤作業

図4-4	マシニングセンタ作業

図4-5	現場管理項目の一例

安全衛生管理	原価管理	環境管理	品質管理	労務管理
現品管理	設備管理	計測管理	工程管理	進捗管理　など

要点　ノート

生産性向上を図る手段として、現場の努力によるもの、外部からの阻害要因があります。まず生産現場でできることを第一に考えて、5Sと多能工化を計画してみよう。

1 生産性向上

生産性向上対策②
現場の努力によるもの

❶多工程持ちを図り手待ちロスを少なくします

　素材の運搬遅れ、加工工程や加工機械の間で加工の順番が来るまで停滞している一連の待ち時間を、手待ちあるいは工程待ちといい、これは生産に寄与しない無駄な時間です。

　ライン編成の組み立て作業やライン編成の加工作業において、通常1つの組み立て作業あるいは1つの工程に一人の作業員を配置する場合が多く、この場合手待ちのロスに気が付かないことが多く見られます。

　この多工程の作業を一人または少人数で受け持つことによって、工程間の仕掛品在庫を削減することができます。これは前述した多能工化の推進によって実現することができます。この方式は自動機械の設備が前提であり、素材の着脱は作業者が行いますが、起動ボタンで自動運転に入り加工終了後は機械が自動的に停止することが前提です。

　ここで重要なことは各工程の作業時間の均等化です。多工程にわたる作業の場合、ある工程の作業の速度が速くても他の工程の作業が遅れれば当然ながら全体の作業が遅れます。担当機械を一巡すれば作業完了となるような時間配分を考えて作業改善を図ることが重要です。

　多工程受け持ちには以下の利点があります。

- タクトタイムのバランスが確保されれば各工程の仕掛品は1個で済みます。
- 必要生産量に応じて受け持ち工程を変化させることができます。これにより、中間在庫の発生が減少し、物の移動速度が速くなります。
- ラインバランスを考えた治具・工具の設計や設備計画によって少人数作業が可能となります。
- 素材の着脱を機械的に処理する自動化に発展させることができます。

❷ラインバランス効率

　ライン編成（タクト方式）の場合、最終工程から完成品が送り込まれる生産時間をサイクルタイムまたはタクトタイムといいます。これらの加工時間のうち最も時間の掛かる工程が良好な流れを阻害しているという意味で、この工程

をネック工程といいます。

作業時間のばらつきによるロスタイムを少なくしてロス率の減少を図ることをライン・バランシングといいます。

ライン編成において、工程間の作業時間のバランスの良さを評価する方法として、ラインバランス効率という尺度があります。

$$\text{ラインバランス効率} \eta = \frac{\text{各作業者の作業時間の合計}}{\text{ネック工程の作業時間} \times \text{作業者数}} \times 100 \, (\%) \quad ⑩$$

例えば図4-6のような3工程編成で、タクトタイムが第1工程9分、第2工程8分、第3工程12分の場合、ネック工程の作業時間は第3工程の12分になるので、

$$\text{ラインバランス効率} \eta = \frac{9 + 8 + 12}{12 \times 3} \times 100 = 80.6 \, (\%)$$

ラインバランス効率は100%、すなわち要求タクトタイムの範囲内において全作業者の仕事時間が全て同じという形式が一番望ましい形ですが、これはなかなか困難です。少なくとも90%以上が望ましいといわれています。

①改善の着眼

上記の例での着眼点は、ネック工程(第3工程)の加工時間の短縮です。ラインバランス効率 η を90%にするためのタクトタイム X は

$$\eta = \frac{9 + 8 + X}{3 \times X} \quad \text{より} \, X = 10 \text{分}$$

にしなければなりません。

第3工程の加工時間を10分にすれば、第1工程から第2工程への手待ちは1分となり、第2工程から第3工程への手待ちは2分となります。つまり待ち時間は半分になります。従来6時間の正味作業時間で30個の生産量が、10分にバランスされたため36個に増加することになります。

②改善案

(a) 3工程目の加工条件を見直し、さらに検討して第3工程の作業時間を第1、第2工程の時間に近づける努力をします。これは第3工程だけのタクト

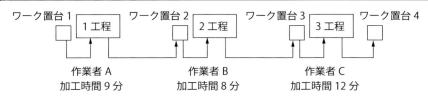

図4-6 ライン編成加工

タイムを改善する例です。1つだけの工程に切り込んで改善するのはなかなか難しいことですが、これが大きな効果になります。
（b）全体の加工工程の内容を見直し、加工寸法や加工精度の許容範囲内で第3工程の加工の一部を第1、第2工程に分散し、第3工程の負担を軽減します。
（c）作業者A、Cの作業熟練度を高め、手作業の部分の時間短縮を図ります。
（d）加工最中作業者の手待ちが発生しないよう、他領域の作業を行う仕組みを作ります。

❸段取り時間を短縮する

　多品種小ロット生産では、加工品が変わるごとに段取り作業を行います。段取り作業は生産に欠かすことのできない作業ですが、この時間を極力少なくするよう工夫すれば、結果稼働率が向上します。
①グループテクノロジーを採用します。
　グループテクノロジーとは、加工品を大きさ、形状などによっていくつかのグループに分類し、分類した類似の加工品を適正な機械に割り当てることで、チャックの爪、工具の配置、治具などの取り付け具を共用にして、段取り作業の時間を短縮すると同時に加工方法の共通化を狙って作業全体の時間を短縮しようとするものです。NC機械の場合はプログラムの類似化というメリットがあり、プログラム作成の時間短縮にも効果があります。
②次に段取りする治具や工具をあらかじめそろえておきます。
　機械加工においては治具の交換、工具の交換、プログラムの交換など加工の準備を頻繁に行います。準備作業に必要な治具や工具を集めるために工場内を探し回るのは大きな無駄になります。このような「物」を探す時間を極力排除

表 4-5　5Sの内容

	定義	ねらい	実施者
整理	必要なものと不必要なものとを分け、不必要なものが無い状態にする	工場のスペースにゆとりが広がる	作業者
整頓	必要な時に必要な数だけ取り出せるよう、物の置き場所を決めておく	物を探す時間が少なくなり仕事の能率が上がる	作業者
清掃	常に掃除し、ごみ、汚れの無い状態にする	清掃しながら設備の点検を行う	作業者
清潔	整理、整頓、清掃を実行し、きれいな状態を維持する	機械設備の状況や作業の無駄発見が容易になる	監督者
しつけ	決められたことを、決められたルールに従って実行する習慣を身に着ける	5Sを通じて社会的な人間形成につながる	管理者

しなければなりません。これには品質管理の一環である5Sといわれる手法がよく使われます。

5Sとは「整理」「整頓」「清掃」「清潔」「しつけ」の呼び方の頭文字がSで始まるので、それらを総称して5Sといい、生産現場の無駄を省く手法の1つです。

5Sの内容を**表4-5**に示します。5Sは工場全体の運動として役職の上下に関わらず全員で実施することによって効果が発揮されます。5Sをしっかり実施して作業環境を整えましょう。

❹無駄な作業を排除します

「無駄」とは生産業務において付加価値を生まない動作のことをいい、この動作を極力ゼロに近づけることによって生産能率を向上させることができます。

①加工物をグループ化し類似加工品は同一機械で加工することを前提に、段取り時間短縮のためにツールのパーマネント化を図ります。

②工具やNCプログラムの見直しにより、切屑を分断して排除するよう改善します。

③物を探す時間を短縮します。これには5Sが欠かせませんが、棚やキャビネットなどに品物を整理整頓して格納し、品物の在り場所を誰が見ても分かるようにしっかり表示します。

❺監視作業を無くします

機械が動いている間、加工状況をじっと眺めていることがありますが、これは無駄な工数です。多工程持ち、複数台持ちを実施し空き時間を無くします。通常工程順に設備を一列に並べやすいのですが、極力U字型に並べると行動範囲が狭くなり行動に無駄がなくなります。

❻補機の管理をしっかり行います

設備機械の配置や機能には十分注意を払いますが、測定器や治工具などの補機の管理が粗末になっている場合が多く見られます。補機の機能が劣化したのでは生産が成り立ちません。さびた工具やごみだらけの補器では、品質を保証することは難しいといえます。

> **要点 ノート**
> ライン・バランシングとはライン編成で加工している時に、手待ちを極力少なくして、ロスタイムの減少を図るための方策を考えることです。それにはネック工程の改善をすることが重要です。

❮1 生産性向上

生産性向上対策③
外部からの阻害要因の除去

❶素材の供給体制
　加工業においての素材は、切断された棒材、鍛造材、鋳造材、ダイカストなど様々であり、素材は他社から購入される場合がほとんどで、いわゆる前工程が存在します。したがって製品の納期を厳守するためには前工程である素材の納期管理が重要となります。

❷素材の形状
　旋盤加工における素材の形状は一般に丸材を切断した棒材、丸形の鍛造材、ダイカストなどいろいろな形状・材質で供給されます。少量生産の素材は棒材を切断したものが多いのですが、多量生産になると鍛造材やダイカスト材などの成型品が多くなります。素材の形状・寸法をできるだけ完成品の形状・寸法に近づける（ニア・ネット・シェイプという）ことによって切屑の量を少なくすることができ、その結果として生産量を増大することができます。

❸機械の故障
　故障とは、設備を構成する機器の機能が停止する状態をいい、その修復には機器の交換や調整作業を必要とするため、故障発生から修復まで多くの時間が掛かります。機械の故障は避けて通れませんが、トラブルを未然に防ぎ生産の空白時間を無くす努力が必要です。定期点検に重点を置いた予防保全やセンサなどを用いて機械の状態をチェックする予知保全の手法を取り入れて、空白時間を少なくすることが重要です。

　表4-6は日常保守・点検表の一例を示します。点検は毎日行う項目と、1週ごと、1月ごとなど定期的に行う項目があります。この点検表に基づいた保守を行うことによって機械の長寿命化に寄与します。

❹作業環境
　機械加工による寸法精度、形状精度はだんだん厳しくなっています。機械設備の環境温度は20℃を基準として機械精度が維持されるように製作されているので、環境温度の高低差が大きいと機械精度の保証ができなくなります。測定機器についても同様です。温度のみならず湿度、粉塵、切屑排出装置、切削油剤の管理法などを適正にして、製品精度の確保、作業者の健康を維持できる

環境作りが必要です。

❺運搬方法

運搬中は切削作業が停滞してしまい、無駄な時間が発生して作業能率が低下します。本来の切削作業に支障が出ないよう作業分担を明確にし、運搬作業は他の部署に分担してもらうことです。

表4-6 日常保守・点検表の一例

保守・点検表				年	月	日
機械名			日付	1	2	3	4
担当者							
	点検個所	点検項目					
毎日	油圧ユニット	油量ゲージ、シェルC32					
		圧力3.4 Mpa					
	潤滑ユニット	油量ゲージ、シェルT68					
	切削液ユニット	切削油量ゲージ					
		切削油汚れ程度					
	エア元圧	0.5 Mpa					
	チャック	爪の摩耗、破損状況					
		爪の開閉3回					
		グリース充填、モリコート					
	タレットヘッド	油量ゲージ、シェルC32					
	オイル冷却装置	冷却水の供給					
	操作パネル	汚れ、破損状況					
	制御盤	冷却ファンの回転					
		ケーブル被覆の破損程度					
	XZ原点復帰	2回					
	非常停止ボタン	作動状況					
	ドアインターロック	作動状況					
	全般	機械周りの5S					
		異常音、異常振動					
		カバーなどの緩み					
1週	圧力計の機能確認						
	電源電圧	200 V					
1月	各種リミットスイッチの機能確認						
	操作盤ボタン類の機能確認						

> **要点 ノート**
>
> 生産性を向上させる対策として、現場の努力によるもの、外部の阻害要因を排除する例をいくつか挙げてみました。作業場の周囲を点検してみましょう。

2 自動化

自動化のレベル

　ここ数年、熟練労働者の多くが高年齢とともに退職され、また若年労働者が減少する時代になって、多種少量生産形態の生産方式を維持することが困難な時代になりつつあります。その困難を乗り越える方策として、形状が単純で加工内容も簡単な加工物に対してはできる限り加工の自動化を図る、一方では複合加工機などの多機能機械を設備し、数工程に分割されていた加工内容を工程を集約することによって納期の短縮と生産能率を向上させる機運が高まってきたといえます。

　必ずしも完全無人化を達成するものではありませんが、何らかの自動化の努力をして、労働力減少に対処しなければならないことは明らかです。

　加工の自動化というとFMS（Flexible Manufacturing System、フレキシブル生産システム）のような大掛かりなシステムを構築して全自動化しなければ成し遂げられないと思いがちですが、必ずしもそうではありません。現状より少し上位の自動化を目指すことで、生産性が大幅に向上します。図4-7は「人と機械」を関連付けた自動化のレベルを示したものです。

❶レベル1：マンマシンレベル

　普通旋盤やフライス盤など、機械加工のためスイッチやハンドルを手動で操作するレベルであり、作業者が加工物の着脱、加工時の主軸回転や刃物台の送り操作、異常の検知や処理に至るまで全て作業者が担当する段階です。

　この段階は、加工の段取り、加工操作など、全て作業者の知能と体力に依存する作業であり、作業者の熟練度、体力の強弱により生産性が大きく左右されます。

❷レベル2：半自動化レベル

　タレット旋盤やNC機械の単体での加工レベルであり、作業者が加工物の着脱、機械の起動などの操作、加工時の異常の検知や処理を担当し、加工中の主軸回転や刃物台の送りなどは機械が行う段階です。

　加工は自動で行われるので、作業者は工具の監視や工具補正量の修正など短時間の作業を行うだけで、残りの時間は監視作業など無駄な時間が発生します。多能工化を推進し、無駄な時間を有効活用に生かすよう心掛けなければな

りません。

❸レベル3：半無人化レベル

ローディング（加工物の取り付け）、アンローディング（加工物の取り外し）装置が装備され、加工物の着脱が自動化されるレベルで、NC旋盤にロボット装置を組み合わせたり、マシニングセンタに数個のパレット装置を組み合わせたりして、数個の加工物を連続して加工する自動化の段階です。加工物の着脱、工具の送りなどの機械操作、異常検知までを機械が担当し、異常の処理、切粉の処理は作業者が行います。

❹レベル4：全自動化、無人化レベル

コンピュータで制御された高度なロボット、各種センサの採用によりFMSやFMC（Flexible Manufacturing Cell、フレキシブル生産セル）への移行レベルで、加工動作が全て自動化され、異常の検知、処理動作までの全てを機械が行います。

レベル③、④は中、多量生産形態のレベルで、加工に関する作業は全て自動化され、作業者は設備の保守や環境整備に従事するようになります。多能工化教育によりいろいろ異なる業務を兼任できるようになり、少ない作業者でも生産性が向上します。

本書ではFMSより小規模で、システム構成が容易であり、人間が少し介在するものの多くの自動化の機能を有しており、安価で生産性の向上が期待できる第3段階の半無人化レベルの小規模な自動化、いわゆるFMCの例を挙げ、生産性の向上を図る方策について考えます。

図4-7　自動化のレベル

レベル		加工					異常への対応	
		機械		作業				
		切削	送り	ワーク着脱	機械操作	切粉処理	検知	処理
1	マンマシンレベル	機械	人	人	人	人	人	人
2	半自動レベル	機械	機械	人	人	人	人	人
3	半無人化レベル	機械	機械	機械	機械	人	機械	人
4	全自動無人化レベル	機械	機械	機械	機械	機械	機械	機械

> **要点 ノート**
> 自動化のレベル評価には機械設備の機能レベルの評価、加工技術レベルの評価などがありますが、ここでは人と機械に関わる自動化レベルについて説明しています。

2 自動化

バーフィード仕様NC旋盤

　NC旋盤加工における加工物の取り付け、取り外しは手動で行われる、いわゆる半自動化のレベルが一般的であり、加工が終わるごとに作業者の手を煩わすことになるため、機械の稼働率が悪くなります。バーフィード装置付きNC旋盤は図4-8のように主軸台の後方にバーフィード装置を装備しておき、その装置にバー材を格納しておくことによって、自動的にバーの素材が刃物台側に送られて加工する機械です。したがって、バー材という材料が無くなるまで機械は連続して加工を続けるので、機械の稼働率は非常に高くなります。このシステムは半無人化レベルの段階です。

　バーフィード装置の概略を図4-9に示します。

　NC機械側のチャッキング装置は一般にはコレットチャック（P.154で後述）を使い、刃物台には通常の切削工具以外にバーストッパと突切り工具をセットして連続加工を行います。バーフィード側には、複数本のバー材を格納するストッカがあります。バーフィードにはバー材を送り出すフィードパイプがあり、ストッカから送られたバー材をフィードパイプのフィンガでつかみ、NC機械側に送り出します。NC機械側の刃物台のバーストッパで位置を決めた（これを定寸という）後コレットチャックが閉まり、その後はNCプログラム

図4-8 バーフィード装置付きNC旋盤

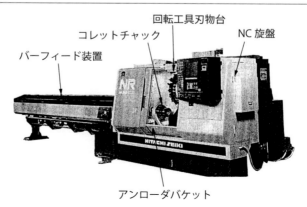

に従って刃物台の工具が呼び出され、製品を切り落としながら加工を行います。材料が短くなると、材料無し検知が働きバーエンドとなってトップカット信号をNC側に送出します。

　バー材は一般には引抜き材という材料を使いますが、引き抜きしたままの材料の端部は図4-10のように形状がつぶれています。この部分は加工には適さないので、これを切り落としてから正式の加工を始めなければなりません。トップカットとは、バー材を加工する前にバー材の形状不良の端部を切り捨て加工することです。この加工は、新材料が装填されるごとに行われます。

　トップカット指令でフィードパイプが後退し、残材を機外に排出して新しいバー材が装填されると、再びチャック側にバー材を送出します。刃物台のバーストッパでバー材を位置決めしてトップカットを行い、その後は通常の加工となり、材料が短くなるまで連続加工をします。

　このようにして、ストックされている数本のバー材を加工した後、ストックされているバー材の「無し」が検出されと、機械加工は終了となります。

図 4-9　バーフィード装置の概略（アルプスツール　取扱説明書より引用）

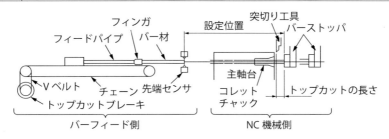

図 4-10　バー材の端部

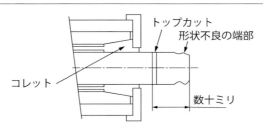

> **要点 ノート**
> バーフィード仕様のNC機械は、ストッカに格納されているバー材が無くなるまで連続加工を行う半無人化の自動加工システムです。大げさな装置を必要としない半無人加工を実現できます。

【2 自動化

コレットチャックとバーストッパ

❶コレットチャック

　バー材加工チャックには一般にコレットチャックが使われます。

　図4-11にコレットの一例を示しますが、SUJ（軸受鋼）やSCM（クロムモリブデン鋼）などの材質に熱処理を施し、高い振れ精度と繰返し精度、高い把握力を持つように作製されています。口径部、テーパ部、腰部、胴部で構成され、腰部には外周から数個のスリ割りがあります。外部からテーパ部にFの力が加わると口径部（加工物を把持する部分）の加工物をグリップし、Fの力が解放されると腰部のスプリング力によって口径部が自動的に開くようになっています。

　このようなコレットを内蔵して、図4-12のように、いろいろな形式のコレットチャックがあります。主な形式のコレットチャックは
①ステーショナリ形
②プッシュアウト形
③ドローバック形
の3方式があり、特徴は図4-12のとおりです。

　ステーショナリ形は、主軸後方のシリンダでコレットスリーブを前後させることによってコレットの開閉を行う形式で、シリンダの前進で加工物をグリッ

図4-11 | コレット

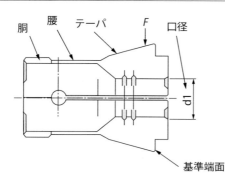

図4-12 コレットチャックの形式

形式	構造	概要	長所	短所
ステーショナリ形	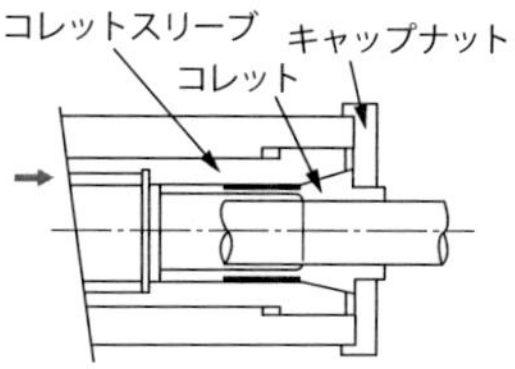 (コレットスリーブ、キャップナット、コレット)	コレットをキャップナットに密着させ、コレットスリーブを矢印方向に前進させて加工物を把持する方式。コレットスリーブが後退するとコレットのスプリング力で加工物を開放する。	①コレットが静止しているので軸方向の寸法が決まる。②加工物にスラスト荷重が掛かると締まり勝手になる。③コレットチャックの交換が簡単。	①コレットスリーブを使用するので、コレットチャック全体の長さが長くなる。
プッシュアウト形	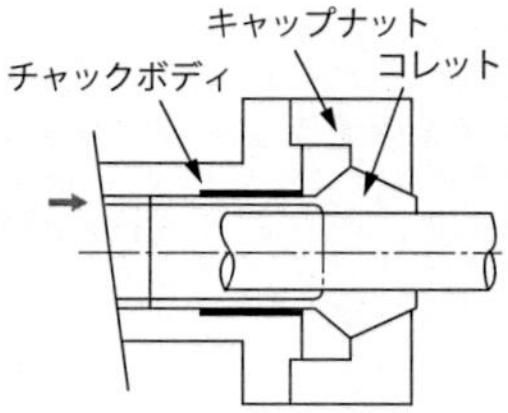 (チャックボディ、キャップナット、コレット)	キャップナットのテーパ部にコレットの先端を押し付けて加工物を把持する方式。コレットが後退するとコレットのスプリング力で加工物を開放する。	①先端が細く、工具の干渉が少ない。②構造が簡単。	①コレットが前進して加工物を把持するので、長手寸法が決まらない。②加工物にスラスト力が掛かると緩み勝手になる。③加工物の締め付けに大きな推力が必要。
ドローバック形	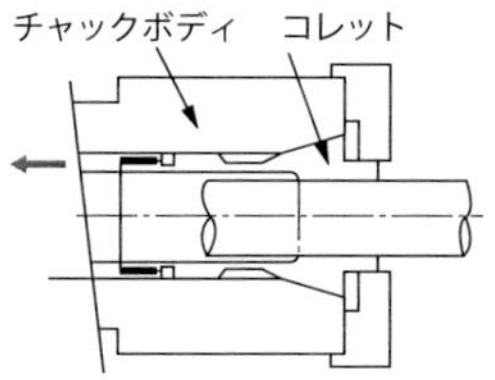 (チャックボディ、コレット)	コレットを矢印の方向に後退させることによって、チャックボディのテーパに沿って動くコレットで加工物を把持する方式。コレットが前進するとコレットのスプリング力で加工物を開放する。	①加工物にスラスト荷重が掛かると締まり勝手になる。②加工物の締め付けに要する推力が小さくて済む。③チャックボディに直接組み込むので、高い振れ精度が得やすい。	①コレットが後退して加工物を把持するので、長手寸法が決まらない。

プします。コレットはキャップナットによって軸方向へは動かないようになっているので、バー材の送出長さは正確に行われます。

　プッシュアウト形式は、主軸後方のシリンダでコレットを前後させることによってコレットの開閉を行う形式で、シリンダの前進で加工物をグリップします。コレットはキャップナットのテーパに沿って軸方向へ動くと同時に加工物をグリップしますが、バー材の送出長さはコレットが動く分、正確ではありません。

　ドローバック形は、主軸後方のシリンダでコレットを前後させることによってコレットの開閉を行う形式で、シリンダの後退で加工物をグリップするところがプッシュアウト形式と異なります。コレットが後退するので、バー材の送出長さはコレットが動く分、正確ではありません。

　このように各形式で特徴がありますが、バー材加工には送出長さが正確なステーショナリ形が一般に使用されます。

　図4-13はステーショナリ形外径用コレットチャックの構造を示します。チャック本体の中にシリンダと連動して動くチャックスリーブを組み込み、さらにその内部にコレットを組み込んだチャックで、バー材の外径を把持します。外径把持用のコレットの前部外径はテーパになっており、シリンダの移動で相手テーパに沿って移動することにより、半径方向に加工物を締め付ける構造になっています。

　コレットのテーパの角度はコレットチャックの形式によって様々ですが、10～15°程度で、シリンダの軸方向の力の約2.5～3倍の力で締め付けることができます。コレットには把持面を4分割あるいは6分割して縦方向にすり割り（割り溝）を入れてあり、これがスプリングの役割をしています。

　コレットチャックはチャックボディで囲まれたコレットで加工物の全周を把持する、いわゆるグリップ方式なので、高速回転になっても緩まないという特徴があります。

　外径コレットチャックは、コレットの径方向の移動が直径で2～3mm程度と非常に小さく、コレットがクランプした状態で口径寸法となるので、コレットの口径寸法に合った材料を選択することが重要です。

　また、バー材は表面粗さが荒い材料や曲がりの大きい材料、直径のばらつきが大きい材料は不適当です。したがって、黒皮材を避けて引抜き材を使用するのが一般的です。

❷バーストッパ

　バーストッパを、図4-14のようにタレットの1つの面に取り付け、バー材をこのストッパに押し当てて定寸を行います。

バーストッパの形状は、バー材が当たる面は平坦でなければなりません。さらに、バー加工では最後の加工工程で突切り加工をしますが、その時バー材の中心にいわゆる「へそ（突起物）」が残ることがあるので、そのへそを避けるためにストッパの中心に穴をあけておくと定寸が正確になります。

定寸動作は主軸の回転を停止して行うのが普通ですが、低回転で行うこともあるので、回転形ストッパ（レボリビングストッパ）にした方が無難です。このように、定寸を正確に行うために、いろいろ工夫が必要です。

図 4-13 ステーショナリ形外径用コレットチャック（理研精機　取扱説明書より引用）

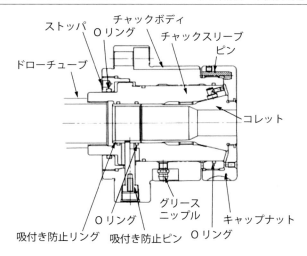

図 4-14 バーストッパ

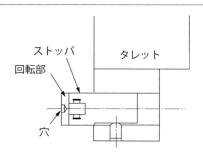

要点　ノート

コレットチャックにはいろいろな形式がありますが、バー材加工には一般にステーショナリ形のコレットチャックが使われます。

❰2❱ 自動化

バー加工のポイント

❶心出し
　機械の主軸中心とバーフィーダの中心をしっかり合わせます。この心出し作業を怠ると振動や振れの原因になります。

❷バー材の曲がり
　バー材に許容値以上の曲がりがあると、振動が発生し製品に振れが出てきます。バー材の長さは2～4mのものを使用しますが、MAS規格（日本工作機械工業会規格）によりバー材の曲がりの許容値が**図4-15**のように決められており、またバー材の種類も引抜き材が推奨されています。

　バー材の曲がりには大曲がりと小曲がりがあり、大曲がりの測定は1000 mm単位の許容差、小曲がりの単位は300 mm単位の許容差で、各長さの定規をバー材に当てて測定します。

　この曲がりを、MAS規格ではB級以上（大曲がり0.5/1000 mm以内）のものを推奨しています。さらに、全長における大曲がりの許容差は（全長/1000）×許容差mmを超えてはならないとしています。

❸バー加工の回転数
　周速一定制御を使って加工した場合は加工直径によって回転数が変わり、振動の原因になるので、バー材加工においては周速一定制御を使わない回転での加工が望ましいといえます。また、バーフィーダメーカーによる回転数の規定もあるので、これも遵守しなければなりません。

❹バーフィーダの振れ止め
　バー材の振れを抑制するための振れ止め装置を取り付けた方が無難です。

❺切屑
　連続加工を行うためには、切屑の処理が大切です。切屑が加工物に絡むと加工物に傷が付き、さらに切り落とした加工物がアンローダの上に重なって、連続加工が困難になります。適当なブレーカを使用するなど、最良の方法を考えなければなりません。

❻突切り加工
　突切り工具は、**図4-16**のように（a）、（b）、（c）があり、いずれも0.1～

0.2 mm程度心高に取り付けます。(a) 形は突切り時バー材の中心に「へそ」が残りやすくミソスリ運動（コマの回転が止まる寸前に起きる首振り運動）が起き、チッピングを起こしやすい形状です。したがって右勝手のチップを使い、主軸中心近傍になったら送り速度を下げ、加工物をバケットにスムーズに落とすようにします（図4-17）。

図 4-15 ｜ バー材の曲がり許容差（アルプスツール　取扱説明書より引用）

径、又は対辺距離	許容差					
	大曲がり			小曲がり		
	A級	B級	C級	a級	b級	c級
3以下				300について0.025	300について0.05	300につき0.1
3を超え10以下	1000について0.25	1000について0.5	1000について1.0	300について0.025	300について0.05	300につき0.1
10を超え50以下	1000について0.25	1000について0.5	1000について1.0	300について0.03	300について0.06	300について0.12
50を超え120以下	1000について0.25	1000について0.5	1000について1.0	300について0.03	300について0.06	300について0.12

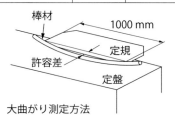

大曲がり測定方法

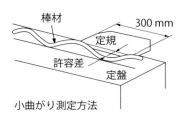

小曲がり測定方法

図 4-16 ｜ チップ

図 4-17 ｜ 突切り

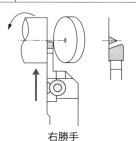

(a) 勝手無し　(b) 右勝手　(c) 左勝手

右勝手

要点 ノート
バー材加工のポイントは心出しをしっかり行い振動を抑えること、曲がりの小さいバー材を使用すること、切屑の処理を上手に行うことです。

【2 自動化

ロボット付きNC旋盤

❶ロボット機能の主な構成

　加工作業において加工物の取り付け、取り外し、主要部分の計測などを自動化、無人化することによってFMCを形成し、機械稼働率のアップ、生産性の向上に大いに寄与することができます。ここでは一般に行われている手動による加工物の取り付け、取り外し作業をロボットに代替する一例を紹介します。

　素材が置かれているフィーダ上のパレットから素材をロボットがつかみ、NC機械のチャックに搬送してチャッキングが行われ、加工終了後完成された製品（これを完品という）をロボットによってチャックから取り外してパレットに積み上げ、再度素材をつかむという動作を全ての素材の加工が完了するまで続けます。したがって、全て加工が完了するまで人手を必要としない半無人運転になります。

　図4-18はNC旋盤にトラバースロボットを装備した例です。NC機械の上部にロボット走行用のレールを設け、そのレール上をZ方向にロボットが移動するのでトラバースロボットと呼んでいます。

①ロボットとロボットハンド（図4-19）

　ロボットはレール上をZ方向に移動し、さらにパレットおよび主軸の中心に移動するためのY軸があります。素材つかみ、完品つかみなどの動作はハンドのβ旋回で行います。ロボットの駆動はZ、Y、β軸ともサーボモータで行われるので、それらの位置決めは正確です。

②パレット

　数個のパレットはチェーンで連結され、正転、逆転駆動して素材パレットと完品パレットに仕分けます。さらに1つのパレットに数個の素材（または完品）を積み重ねる（これを段積みという、図4-20）ことができます。

③リフタ

　リフタの上昇動作でパレット上の素材を把持位置、完品を置く位置まで持ち上げます。

❷ロボットによる加工のポイント

　当然のことですが、自動機械なので加工中のトラブルなどで機械が停止しな

図 4-18 トラバースロボット

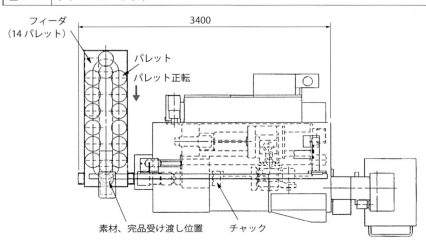

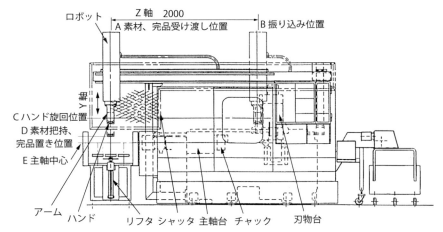

いことが最重要です。また、ロボット操作はロボット有資格者でなければなりません。トラバースロボットの形態におけるポイントを挙げてみます。

① 素材の形状は一般に丸物であり、長い材料から必要な寸法に切断された材料になります。切断された素材にはバリ、カエリがあるので、必ず除去するようにします。面取り加工を施すとなお良好です。バリがあると、段積みした時素材の姿勢が安定しないとか、また段積みの素材の高さ位置にばらつきができ、素材の把持の時にミスを犯しやすくなります。

② 個々の素材に縦方向の寸法にばらつきができると段積みをした時最上部の寸

図 4-19 | ロボットハンド

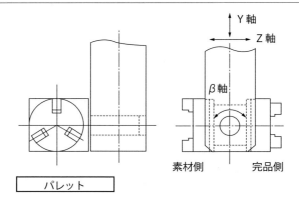

図 4-20 | 段積み

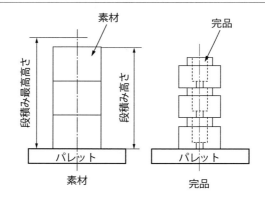

法ばらつきが大きくなり、素材の把持の時にミスを起こしやすくなります。素材の寸法のばらつきは機械仕様以内に収まる長さに切断します。
③丸棒の素材を段積みした時は比較的安定した姿勢になりますが、鍛造品や異形物の段積みは不安定な姿勢になりやすく、また完品の形状も不安定な形状になりやすくなります。このような形状の製品を段積みする時は素材、製品が姿勢を崩さないような治具で補助する必要があります。
④素材をNC機械のチャックに装着する時、1回の押し付けで素材が密着しない場合があります。ハンドの爪に押し付けプッシャを組み付けるか、刃物台に押し付けプッシャなどを取り付けて2度押しにすると素材がチャックに密着しやすくなります。
⑤パレットに積載されている素材が全て加工終了になるまで工具の寿命が保た

れれば問題ありませんが、このような連続加工においてはチップの寿命をできるだけ長持ちさせることを念頭に置き、チップの交換を少なくすることに心掛けます。

　チップの寿命を延ばすためには切削速度を低くすれば良いとされています。したがって連続加工を持続するには切削速度を通常の切削速度より10～20％程度低くするのが一般的です。実際には工具の種類や送り速さ、機械の剛性、刃物台の振動などの影響によっても寿命には大きなばらつきが出るので、寿命の判定には、工具の摩耗程度、加工面の面粗度、寸法のばらつきなどのデータを数多く採取し、さらに自社の加工内容をよく検討したうえで、決めることが重要です。

⑥予備工具の増設

　できるだけ長時間の連続加工を持続するために予備工具を増設することも1つの方法です。加工に必要な正規の工具は当然ながら刃物台に取り付けますが、工具寿命が懸念される工具を刃物台の空きステーションに予備工具としてあらかじめ取り付けておいて、正規の工具が寿命に達した時に予備工具を呼び出し、それ以降は予備工具で加工します。

　例えば、加工に必要な正規の工具がNo.1～No.5の5本で、寿命が懸念される工具がNo.2であったとすると、No.1～No.5の正規の工具をNo.1～No.5のステーションに取り付け、No.2の予備工具をNo.7のステーションに取り付けます。この場合、正規の工具と予備工具は同じ工具でなければなりません。また、加工に入る前に予備工具の工具補正量を正確に求めておきます。寿命の判定は工具の加工時間で管理され、正規の工具No.2に設定された寿命時間に達した時予備工具に切り替わり、以降は予備工具で加工されます。これを予備工具呼び出しといっています。

> **要点　ノート**
> ロボット付きNC旋盤は加工物の着脱を自動で行う半無人機械です。加工のポイントは工具の長寿命化と切屑の上手な処理です。

❰2❱ 自動化

切屑対策のヒント①

　連続自動加工において切屑処理の良否は、加工精度、仕上げ面粗さ、切削抵抗に大きな影響を及ぼします。高能率加工、高精度、製品の品質安定性、作業者の安全確保などにも大きく影響します。以下に切屑処理の一例を述べてみます。

　切削条件や加工方法、チップブレーカの形状によって、形状、色、長さなどいろいろ異なる切屑が出ますが、鋼材加工における切屑の形態を図4-21に示します。実際の切屑を観察して良い切屑、悪い切屑を判定する指標になります。

　A〜E形の5つに分類してありますが、最も切屑処理が困難なのはA形の連続形です。連続加工においては切屑を分断するCまたはD形の切屑が出るよう工夫する必要があります。

　切屑を分断する条件を図4-22に示します。この条件は主に被削材の材質や切削条件の影響による条件を表したもので、これらの条件をいくつか組み合わせることによって問題の解決に結びつけることができます。その他の方法として振動切削や高圧クーラント方式なども有効です。

❶被削材の材質を検討する

　切屑形状は被削材の延性に影響され、鋼材においては炭素量の少ない方が伸びやすいので、鋳鉄のようなCの多い材質に変更します。またリンや硫黄など快削添加物を加え、材質を脆くすることによって切屑を分断することができます。

　現場においては材質の変更はなかなか難しいことですが、機能上、設計強度上問題が無ければ、材質の変更も1つの考えです（図4-23）。

❷切削速度を下げる

　一般に切削速度が増加すると、ブレーカの切屑有効範囲が狭くなります。図4-24は切込みと送り量を同じにして、切削速度を変えた場合の切屑処理有効範囲を示したものです。図中A、B……Eは図4-21に示す切屑形態の区分です。この図でVc（切削速度）= 50 m/min と Vc = 100 m/min を比較すると Vc = 50 m/min の方がC、Dの範囲が広くなっており、切込み、送り量が小さい

図 4-21 | 鋼材加工における切屑形態（三菱マテリアル　カタログより引用）

区分	A形	B形	C形	D形	E形
切込み小 $d<7mm$					
切込み大 $d=7〜15mm$					
カール長さ	カールしない	$l≧50mm$	$l≦50mm$ 1-5巻	1巻前後	1巻以下半巻
備考	・不規則連続形 ・工具、被削材などにからまる	・規則的連続状 ・長く伸びる	良好	良好	・切屑飛散 ・ビビリ発生 ・仕上げ面不良 ・工具負荷能力限界

図 4-22 | 切屑を分断する条件（三菱マテリアル　カタログより引用）

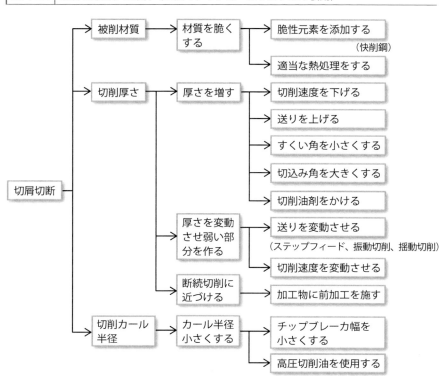

場合でも良好な切屑処理ができるということを示しています。このデータは乾式切削の場合です。

❸ **切削油剤を用いる**

切削油剤は切屑を冷却する作用があります。切削油剤によって熱せられた切

図 4-23　炭素量とカール半径（三菱マテリアル　カタログより引用）

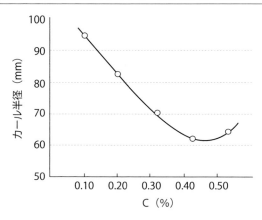

図 4-24　切削速度と切屑処理有効範囲（三菱マテリアル　カタログより引用）

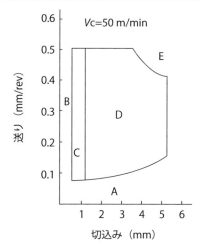
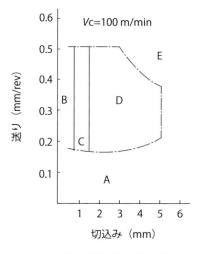

被削材：S45C（180HB）
インサート：TNMG160408
材種：P10 超硬合金

工具：MTJNR2525M16N
乾式切削

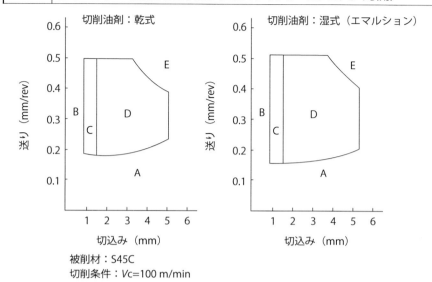

図 4-25 乾式と湿式での切屑処理有効範囲（三菱マテリアル　カタログより引用）

被削材：S45C
切削条件：V_c=100 m/min

屑が急冷されることによって硬くなり、分断されやすくなります。図4-25により、エマルション切削油剤による湿式切削の方がC、Dの範囲が大きくなることが分かります。

❹送り量を上げる

送り量が増加すると切込み厚みが厚くなり、折れやすく詰まり気味になります。したがって、荒加工や中仕上げ加工では、機械の剛性やモータの馬力などを考慮してできるだけ高送りで加工した方が切屑を分断することができます。

❺すくい角を小さくする

すくい角には正と負がありますが、鋼材の加工には一般に正のすくい角を用います。正のすくい角が大きいと切れ味は良好ですが、刃先の強度は低下し、さらに流れ形の切屑になって切屑の処理が難しくなります。正のすくい角でも、なるべく小さい方が切屑を分断しやすくなります。

> **要点ノート**
> 鋼材加工における切屑の形態には大略5段階に分類できます。連続加工する場合はC、Dの形態になるよう切屑処理を上手にしなければなりません。

2 自動化

切屑対策のヒント②

❶横切れ刃角を小さくする
図4-26は横切れ刃角が0°と30°の場合の切屑処理有効範囲を示したものです。横切れ刃角が小さいと切屑厚みが厚くなって、C、Dの範囲が広くなります。つまり、切屑が分断されやすくなります。

❷不連続の切屑に近づける
断続切削は刃先の折損の原因となるためあまり好ましくありませんが、図4-27のように、前加工でらせん状に薄く溝を加工してから内径加工を行うことによって不連続の切屑にすることができます。

❸チップブレーカの幅を小さくする
切込み量と送り量が小さい仕上げ加工においては、チップブレーカの幅を小

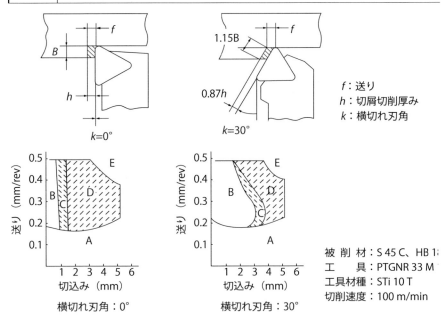

図 4-26　横切れ刃角と切屑処理有効範囲（三菱マテリアルカタログより引用）

f：送り
h：切屑切削厚み
k：横切れ刃角

被削材：S 45 C、HB 1□
工　具：PTGNR 33 M□
工具材種：STi 10 T
切削速度：100 m/min

さくすることによってブレーカ効果が大きくなり、切屑が分断されやすくなります。

❹高圧クーラントを使用する

通常切削油剤の噴出圧力は0.05〜0.1 MPa程度ですが、クーラントを7 MPa程度の高圧力で刃先に吹き付けることによって切屑を瞬時に冷却して分断すると同時に、フランク摩耗の抑制効果があります。

図4-28はS45Cの鋼材を$V = 200$ m/minで加工した場合の切削時間とフランク摩耗の一例ですが、例えば30分の切削時間を比較すると、標準クーラントの場合のフランク摩耗が0.24 mmに対し高圧クーラントの場合は0.1 mmとなっており、高圧クーラントの方の寿命が2.4倍に延びると期待できます。このように切屑処理に対しては非常に大きい効果がある半面、機械の回転部や摺動部に切削油剤が入り込まないようなシール構造にする、あるいは噴出する切削油剤が外に漏れないようにカバーを密封構造にするなど、難しい課題があります。

図 4-27 らせん溝

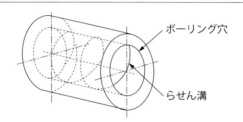

図 4-28 標準クーラントと高圧クーラントの摩耗比較 (日立精機レビュー No.72)

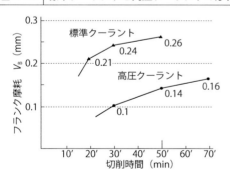

被 削 材：炭素鋼　S45C
切削条件：$V = 200$ m/min、$d = 3.0$ mm、
　　　　　$f = 0.3$ mm/rev、$T = 50$ min
チ ッ プ：CNMG 120408MA（U 610）

> **要点 ノート**
> 全、半自動運転には切屑処理が欠かせません。切屑をC、D形に分断する切屑処理の例をいろいろ挙げてみました。自社の切屑対策の一助になれば幸いです。

コラム 4

[コラムの解答]
設問 1　解答
(イ) 16　　(ロ) 69.02　　(ハ) 3.45　　(ニ) 47.5　　(ホ) 0.58
(ヘ) 85.44　(ト) 1.91　　(チ) 191　　(リ) 1.31　　(ヌ) 7.25

設問 2　解答

(1)	(2)	(3)	(4)	(5)	(6)	(7)	(8)
ウ	オ	ク	サ	ス	タ	ナ	ニ

設問 3　解答
①：カ　②：イ　③：シ　④：オ　⑤：コ　⑥：ケ　⑦：ス　⑧：ナ
⑨：ア　⑩：ニ　⑪：ソ

[後記]
　設問の解答、お疲れさまでした。
　成績はいかがでしたでしょうか。この問題は、技能検定試験の数値制御旋盤作業（NC旋盤作業）に出題される1、2級の問題を模倣して作成したものです。それぞれの設問で70点以上の成績ならまずまずの成績かと思います。
　試験のための学習ではなく、作業に対する疑問点、問題点、改善点などを日常的にピックアップし、その解決に向かっていろいろ文献、参考書などを読み、知識を吸収する努力を積み重ねることによって能力と腕が磨き上げられると思います。
　一層のご研鑽を期待いたします。

参考文献

第1章

1) 「日立精機NC旋盤カタログ」日立精機株式会社
2) 「NC旋盤作業の基礎知識Q&A」伊藤勝夫著、日刊工業新聞社（2014）
3) 「ターニングセンタのNCプログラム入門」伊藤勝夫著、大河出版（2015）
4) 「豊和工業　チャックカタログ」豊和工業株式会社
5) 「理研精機　SADチャック取説明書」理研精機株式会社
6) 「KITAGAWA　チャックカタログ」株式会社北川鉄工所
7) 「セレーション形パワーチャック JIS B6003-3」（2008）
8) 「MORI SEIKI　NC旋盤カタログ」株式会社森精機製作所
9) 「センタ穴　JIS　B1011」（1987）
10) 「スローアウェイチップの呼び記号の付け方　JIS B4120」（1998）
11) 「三菱マテリアル旋削工具カタログ」三菱マテリアル株式会社（2014）
12) 「SUMITOMO旋削工具カタログ」住友電気工業株式会社（2014）

第2章

1) 「NC旋盤作業の基礎知識Q&A」伊藤勝夫著、日刊工業新聞社（2014）
2) 「三菱マテリアル旋削工具カタログ」三菱マテリアル株式会社（2014）
3) 「NC旋盤プログラミング基礎のきそ」伊藤勝夫著、日刊工業新聞社（2017）

第3章

1) 「NC旋盤作業の基礎知識Q&A」伊藤勝夫著、日刊工業新聞社（2014）
2) 「品質管理マネジメント」古殿幸雄、中央経済社（2006）
3) 「Mitutoyo　カタログNo.13」株式会社ミツトヨ
4) 「生産管理の基礎」藤山修己著、同友館（1990）
5) 「鉱工業部門　生産管理」遠藤健児著、日本マンパワー
6) 「データの統計的記述　JIS Z9041-1」（1999）

第4章

1) 「生産管理の基礎」藤山修己著、同友館（1990）
2) 「生産管理がわかる辞典」菅又忠美・田中一成著、日本実業出版社（1991）
3) 「鉱工業部門　生産管理」遠藤健児著、日本マンパワー
4) 「日立精機NC旋盤カタログ」日立精機株式会社
5) 「バーフィーダ取扱説明書」株式会社アルプスツール
6) 「トラバースロボット取扱説明書」日立精機株式会社
7) 「三菱マテリアル旋削工具カタログ」三菱マテリアル株式会社（2014）

【索引】

数・英

2σ	121
4σ	121
5S	147
6σ	121
3次元測定器	103
ATC（工具自動交換装置）形刃物台	20
BT方式	22
B軸	20
Capto方式	22
CBN焼結体	30
C軸	20
D_mN値	10
FMC	151
FMS	150
G機能	68
HSK方式	23
MAS規格	158
M機能	70
NC装置	8
NCプログラム	61
OJT	142
S機能	72
T機能	74
X_{max}	109
X_{min}	109
X軸	9
Y軸	20
Z軸	9

あ

アウトプット	130
厚さ記号	33
アッベの原理	104
アブソリュート方式	76
位置決め	76
インクレメンタル方式	76
インプット	130
上側境界値	117
内張り	89
エアカット	60
円弧補間	77
遠心力	18
エンドオブサブプログラム	70
エンドオブデータ	70
オーバライド	96
大曲がり	158
送り機能	72
送り分力	44、46
送り量	36、46、62
オプショナルストップ	70

か

回転工具形刃物台	20
回転数一定制御	65
回転センタ	24
各機能動作時間	60
角ねじ	38
確率密度関数	120
加工分析	56
加速の距離	83
片側規格	120
偏り	122
稼働可能時間	131
稼働率	131、140
間接時間	134
管理図	105、108
機械原点	90
規格値	121
規格中心	117
逆転	70
キャリブレーション	104
休憩時間	134
強制振動	50
切屑処理	164
切屑処理有効範囲	164
切込み量	36、46、62
切れ刃の長さ	33
クイル形心押台	24
区間の数k	112
区間の幅h	112
くし刃形刃物台	20

管用ねじ	38		シグマ	109
グリップ方式	156		下側境界値	114、117
グループテクノロジー	146		実績資料法	136
クレータ摩耗	45		実働時間	134
クロスキー形	16		自動化のレベル	150
形状記号	32		自動プログラミング	61
検査	100		シャンク	26
検査、測定のプロセス	102		主切れ刃	32
減速の距離	83		主軸回転数	49、62
現場管理	142		主軸機能	72
現品管理	143		主軸逆転	70
高圧クーラント	169		主軸高速	70
高圧クーラント方式	164		主軸最高速度設定	72
合格確率	121		主軸正転	70
工具機能	74		主軸台	8
工具補正	91		主軸低速	70
工具補正量	74、91		周速一定制御機能	65
硬爪	88		主体作業時間	131、134
高速度工具鋼	28		出力一定領域	49
拘束時間	134		手動プログラミング	61
工程能力指数	118		主分力	44、46
コーナ記号	33		準備機能	68
コーナ半径	44		準備時間	134
固定サイクル	83		条数	82
小曲がり	158		正味作業時間	134
コレット	154		職場余裕	135
コレットチャック	14、152、154		ジョーナット	14
			自励振動	50
さ			真円度測定	103
サーメット工具	30		心押台	8
サイクルタイム	59		芯金	88
作業時間	134		シングルブロック	97
作業設計	58		心出し	158
作業能率	132		振動切削	164
作業余裕	135		真のすくい角	44
座標値	76		真の品質	98
サブプログラム	70		垂直形タレット刃物台	20
サブプログラム呼び出し	70		すくい角	167
残移動量	97		ステーショナリ形	154
三角ねじ	38		ストレートシャンク	42
散布図	108		スパイク爪	88
サンプリング	106		スローアウェイドリル	42
サンプルの抽出法	102		スローアウェイバイト	26
仕上げ刃付きチップ	38		正規分布	120
仕上げ刃無しチップ	38		正規分布表	126
時間研究法	136		成形リング	88

生産の4要素	130
設計品質	98
切削時間	60、64
切削条件	36、59、62
切削速度	36、62
切削抵抗	46
切削抵抗の3分力	46
切削長さ	60
切削の3要素	36
切削面積	46
切削油剤	166
絶対値	109
セラミックス工具	30
セレーション	14、88
全自動化	151
全数検査	102、106
センタ穴	24
操作盤	8
測定	100
測定環境	103
ソケット	86
外づかみ	89

た

台形ねじ	38
代表値Z_i	115
タイムスタディ	58
ダイヤモンド焼結体	31
多機能溝入れ工具	40
タクトタイム	144
多条ねじ	82
タップ加工	67
多能工化	142
多品種小ロット生産	146
たわみ量	50、87
単結晶ダイヤモンド	31
段積み	161
チップ	32
チップの寿命	163
チップブレーカ	44
チャック	12
中央値	110
中点値	110
超硬合金工具	28
高速度工具鋼	28
超硬チップ	26

直接時間	131、132、134
直接時間測定法	138
直線補間	76
ツイストドリル	42
ツールセッタ	91
ツールホルダ	22
ツールレイアウト	58
突出し長さ	50
突出し量	87
突切り加工	158
定寸	152
テーパシャンク	42
適合品質	98
出来栄えの品質	98
手待ち	144
等級記号	32
統計的手法	105
度数	109、115
度数分布表	116
トップカット信号	153
トップジョー	14
トラバースロボット	160
取り代	92
ドローバック形	156

な

生爪	88
ニア・ネット・シェイプ	148
逃げ角	32
逃げ角記号	32
抜き取り検査	100、102、106
ねじ切り	66、82
ねじのリード	82
ネッキング	89
ネック工程	145
狙いの品質	98

は

バー材の曲がり	158
バーストッパ	152
バーフィード装置	152
ハイス系工具	28
バイト	26、44
背分力	44、46
刃先R	45、46、64、78
刃先R補正機能	79

把持力	19
刃物台	8
ばらつき	108
パレート図	108
パレット	160
パワーチャック	88
範囲	110
半自動化レベル	150
半自動プログラミング	61
半無人化レベル	151
引抜き材	153
ヒストグラム	108、116
比切削抵抗	48
ピッチ	39
ビビリ現象	50
標準時間	136
標準出来高時間	132
標準偏差	108、111、115
標本	106
表面粗さ	64
ビルトインモータ	10
疲労余裕	135
品質	98
品質特性	118
プッシュアウト形式	156
歩留まり率	132
フランク摩耗	169
不良率	133
ブレード	40
振れ止め装置	158
プログラムストップ	70
プログラムチェック	96
分散	111、115
平均値	110
平均値 $\bar{X}$	115
ベースホルダ	86
偏差平方和	111
偏差平方和 S	115
ボーリングバー	86
ボールスクリュ方式心押台	24
ポジションコーダ	11
母集団	106
補助機能	70
ボラゾン	30

ま	
マスタジョー	14
マンマシンレベル	150
右手直交座標系	9
溝・穴記号	32
溝入れ加工	40
ミソスリ運動	159
無人化レベル	151
メインプログラム	70
モータの出力	49
モーダルGコード	68
モールステーパ	24、42
目標値	117
や	
用足し余裕	135
横切れ刃角	44、168
予知保全	148
予備工具	163
予防保全	148
余裕時間	135
ら	
ライン・バランシング	145
ラインバランス	144
ラインバランス効率	144
乱数表	107
リード	39
リフタ	160
両側規格	120
理論的最大高さ	64
レイティング法	136
レファレンス点	92
労働生産性	130
ロット	101、103、106
ロボットハンド	160
わ	
ワーク座標系	91
ワーク座標系原点	90
ワークサンプリング法	140
ワークシフト量	91
ワンショットGコード	68

著者略歴

伊藤勝夫 (いとう かつお)

1967年芝浦工業大学機械工学科卒業。日立精機(株)・設計部、システム技術部において、工作機械のシステム構築、加工法分析、プログラミングの指導に従事。
1995年より20年間、機械加工職種(NC旋盤)の中央技能検定委員としてNC旋盤の技能検定試験問題の作成に従事。普通旋盤、NC旋盤一級技能士取得。
2017年厚生労働省ものづくりマイスターに認定。
現在、加工技術教育活動に従事。

主な著書
- 「絵とき『NC旋盤プログラミング』基礎のきそ」、日刊工業新聞社
- 「NC旋盤作業の基礎知識Q&A」、日刊工業新聞社
- 「マシニングセンタのプログラム入門」、大河出版
- 「ターニングセンタのNCプログラミング入門」、大河出版
- 「MCのカスタムマクロ入門」、大河出版、 など多数。

NDC 532

わかる！使える！NC旋盤入門
〈基礎知識〉〈段取り〉〈実作業〉

2018年9月30日 初版1刷発行
2024年9月30日 初版8刷発行

定価はカバーに表示してあります。

ⓒ著者	伊藤 勝夫	
発行者	井水 治博	
発行所	日刊工業新聞社	〒103-8548 東京都中央区日本橋小網町14番1号
	書籍編集部	電話 03-5644-7490
	販売・管理部	電話 03-5644-7403　FAX 03-5644-7400
	URL	https://pub.nikkan.co.jp/
	e-mail	info_shuppan@nikkan.tech
	振替口座	00190-2-186076

制　作　　㈱日刊工業出版プロダクション
印刷・製本　新日本印刷㈱（POD7）

2018 Printed in Japan　　落丁・乱丁本はお取り替えいたします。
ISBN 978-4-526-07880-4　C3053
本書の無断複写は、著作権法上の例外を除き、禁じられています。